跳出青少年抑郁包围圈

王 怿 著

山东文艺出版社

图书在版编目（CIP）数据

跳出青少年抑郁包围圈 / 王怿著. -- 济南 ：山东
文艺出版社, 2025. 5. -- ISBN 978-7-5329-7396-5

Ⅰ. B842.6

中国国家版本馆CIP数据核字第2025D5R971号

跳出青少年抑郁包围圈

TIAOCHU QINGSHAONIAN YIYU BAOWEIQUAN

王 怿 著

主管单位 山东出版传媒股份有限公司
出版发行 山东文艺出版社
社　　址 山东省济南市英雄山路 189 号
邮　　编 250002
网　　址 www.sdwypress.com

读者服务 0531-82098776（总编室）
　　　　 0531-82098775（市场营销部）
电子邮箱 sdwy@sdpress.com.cn

印　　刷 肥城源盛印刷有限公司
开　　本 640 毫米 ×960 毫米　1/16
印　　张 15
字　　数 180 千
版　　次 2025 年 7 月第 1 版
印　　次 2025 年 7 月第 1 次印刷
书　　号 ISBN 978-7-5329-7396-5
定　　价 59.00 元

本书同步开发心理健康教育有声课程

扫码免费收听

本书配有 **21** 个短视频
请在每章节末尾处扫码观看

contents **目 录**

第一篇

盲目"鸡娃"①，可能会造成青少年抑郁

———————

① "鸡娃"，网络流行词，源自"打鸡血"的比喻，形容父母为了让孩子在学业或才艺上取得优异成绩，不断给孩子安排学习和各种活动，甚至牺牲孩子的兴趣与自由。

第二篇

别让手机成为孩子精神的避风港

第三篇

育儿育己，打造真正觉醒的家庭

盲目"鸡娃",

可能会造成

青少年抑郁

01

我花了17年,
却把儿子养抑郁了

我曾经以优秀的儿子为骄傲

儿子今年18岁,读高三。他从小成绩优秀,几乎没让我操过心,但在高二时,却因为抑郁休学了半年。这期间,他的变化非常大:在家疯狂玩手机、打游戏,饭也不吃,觉也不睡。

回想起初中毕业时,儿子以优异的成绩考入了我们省最好的高中,我高兴地大摆宴席招待亲朋好友,觉得这么多年的付出终于没有白费,儿子真的是太给我长面子了。那年8月,我置办了很多生活用品,在那所高中旁边租下了一套两室一厅的房子,开始了陪读生活。我幻想着三年后儿子能考入北大、清华或上海交大这样的国内名校。

那一刻我对儿子非常有信心。

可是你知道吗? 从踏入高中校门的第一天开始,儿子就再也没好好学习过。这让我很苦恼,我愁得连自己的身体也出现了问题。

其实,从儿子初二下学期开始,我就感觉他的情绪有些不对劲。

有一件事情，也许是导火索。

男孩子一般都很调皮，经常逗班上的女生，那次，儿子和几个好友一起被班主任批评了。儿子解释了好几次，自己确实有参与，但那些做得过分的事情不是他干的，可老师为了达到教育与惩戒的目的，不分青红皂白地让他们全部罚站、写检讨。儿子平时性格就有些敏感，经过这件事后，觉得自己无比委屈，既无法原谅老师，也无法原谅自己。

也许，这憋着愤怒的火种此刻就开始燃烧了。

那段时间，他的情绪波动很大，经常发脾气，不论我怎么开导他，他都不愿意和我们交流。

有时候，我就是一句简单的提醒都会触动他脆弱的神经，他冲我大喊大叫："老师冤枉我，你也冤枉我，我努力还有什么意思，我不想去上学了！"

一开始，我还下意识地认为这是老师批评他的缘故，是他自己太小气放不下，因此才有了厌学情绪。所以，每次他张口开始抱怨，我就毫不客气地掸回去："学习本来就是件很苦的事，你总说别人不对，你自己就没有问题吗？大家都能放得下，老师后面也没说什么了，你还想怎样？"

儿子没有和我顶嘴，而是恶狠狠地摔门进了自己的房间。就这样，我们之后交流就变得少了，我也明显感觉到儿子的性格发生了变化，脾气变得非常大。

一直到中考前，家里都充满了火药味。那段时间，我只当儿子叛逆、不懂事，并没有多想。儿子也还算努力，在中考时考出了高分。我以为这件事就过去了，到了新环境，儿子会有新的开始、新的追求。

怎么就突然厌学了呢

可我万万没想到，高中生活开始后，儿子却朝着一个危险的方向发展了。

这所重点高中的学生，都是全省各地市的最优秀学生。很多孩子初中时在学校名列前茅，但是到了这里，面对林立的高手，竞争加剧，成绩就变得不是那么"优秀"了。

儿子也不例外，尤其面对一落千丈的名次，特别焦虑，每天晚上睡不着觉，我除了安慰他"慢慢来"，也没有其他有效的办法。

渐渐地，儿子一烦躁就玩手机、打游戏，一打游戏就忘记了时间，一直到很晚才睡觉；作业也经常写不完，反而第二天在教室里经常犯困。老师找我们聊过好几次，他爸爸为此大发脾气，又断网又砸电脑。儿子很害怕，虽然很愤怒，但又不敢与爸爸对抗，只是闷头睡觉。

直到有一天，老师联系我，语气沉重地说，在儿子的日记里发现了一些令人担忧的内容，感觉孩子有明显的厌世倾向。老师有着丰富的教育经验，深知这种情况的严重性，立刻告知了我。那一刻，我的心仿佛被一只无形的大手紧紧揪住，恐惧和不安瞬间涌上心头。我不敢相信，那个曾经阳光开朗的儿子，怎么会有这样可怕的想法！

当时，我也不知道该怎么办，老师建议可以去医院心理科看一下，于是我心急如焚地带着儿子去了医院。在医院等待检查结果的过程中，每一分钟都很煎熬，我的脑海里不断浮现出儿子以前快乐的画面，又担心着即将到来的结果。当医生告诉我儿子确诊为中度抑郁，需要药物治疗时，我的心像是被重重地捶了一下，整个人都蒙了。我满心都是自责和懊悔，怪自己为什么没有早点发现儿子的异常，为什么之前要那样严厉地对待他的抱怨。

惊慌之下，我完全改变了对儿子的态度。我告诉自己，为了儿子能早日康复，我要无条件地顺着他。他不想做的事情，我不再勉强；他想要做的事情，我全力支持。哪怕看到他一落千丈的成绩，我心里着急得像热锅上的蚂蚁，想和他聊聊，找找原因，可只要看到他那抗拒的眼神，我就把话咽了回去。我以为，只要我这样小心翼翼地照顾儿子的情绪，他的抑郁症状就会慢慢减轻，就会逐渐恢复健康。

然而，事与愿违。儿子的情况非但没有好转，反而变得更加糟糕。他的脾气变得更加暴躁，经常毫无征兆地冲我发火、大吼大叫；情绪崩溃的时候，他会把自己锁在房间里，任我怎么敲门、劝说，他都不肯出来。

从那之后，他请假的次数越来越多，落下的课程也越来越多，学习成绩更是一塌糊涂。看着儿子一天天消沉下去，我感觉自己仿佛陷入了无尽的黑暗深渊，几近崩溃。我不明白，为什么我们已经如此努力，看了医生，也吃了药，每天都如履薄冰地照顾他，可他还是这样痛苦不堪呢？

在绝望之际，一次偶然的机会，通过和我一样的陪读妈妈的介绍，我认识了一位心理老师。老师的话如同一盏明灯，照亮了我迷茫的心灵：

孩子进入青春期，出现情绪问题、厌学问题、沉迷手机问题，其背后是父母在抚养过程中无意识地给孩子造成的情绪、情感困扰，导致孩子产生恐惧心理，表现在行为上，要么反抗

（逆反父母），要么回避（厌学、沉迷手机、行为异常）。想要解决，需要"两条腿"走路：一是父母要成长，能接受孩子；二是针对孩子要改变观念，重新养育，用正确的方式与孩子相处。这个过程虽然比较艰难、痛苦，但能让孩子好起来的路也是我们作为家长的成长之路。药物只能缓解孩子的抑郁情绪，想要真正帮助孩子，更重要的是家长要调整和孩子的相处模式，改变平时紧张焦虑的氛围。当你们之间的关系松弛下来，孩子是一定会好起来的。

听了老师的建议，我仿佛抓住了最后一根救命稻草。我决定自己先接受专业的心理辅导，我不想让我这么优秀的孩子耽误自己的前程，更不想年纪轻轻的他患上心理疾病。

在心理老师辅导的过程中，我不断反思自己过去的行为，试图找出问题的根源。

我一直困惑不已："我已经对他的学习没什么要求了，处处顺着他，为什么他还是觉得我不理解他，对我充满了敌意呢？"

伴读不是洗衣做饭，而是心灵的陪伴

随着学习的深入，我渐渐明白了其中的缘由。

当孩子出现心理问题后，父母往往会因为内疚、自责和恐惧而在态度上发生巨大转变。以前，在教育孩子和日常相处中，我是那个强势、权威的家长，习惯对儿子发号施令。但当儿子抑郁后，我变得顺从讨好，对他在学习上的问题也不再过问，这种过度的改变导致了家庭中"权力地位"的错乱。儿子似乎成了家庭中的主导者，掌控着家里的氛围，但这种状态只会让我们的关系更加对立。

而且，在儿子看来，我的顺从可能是一种他被家长放弃的信号。青春期的孩子内心深处其实渴望正常的学习和生活，他们对自己也有一定的要求。然而，抑郁的困扰让儿子在学习时无法集中注意力，药物的副作用可能也加剧了这种情况。而在他最需要支持和引导的时候，他发现我对他的要求突然消失了，他会觉得我是彻底放弃了他，认为自己没有希望了，这种被抛弃感让他陷入了更深的绝望。

原来，儿子那些看似无理取闹的行为背后，隐藏着如此复杂而痛苦的心理挣扎，而我一直把问题都归咎于儿子，一心想着能有神奇的办法让他立刻变回原来的样子，忽略了自己才是那个需要改变的支点。

明白了这些后，我开始努力调整自己的行为。我知道，即使再心疼儿子，我也不能被他的负面情绪左右。因为当孩子抑郁、焦虑时，他们的能量很低，如果我也陷入和他一样的情绪中，他就无法从家庭中获得正能量的支持。所以，我首先要做的是调节好自己的情绪，寻求科学的方法来增强自己的心理能量，然后再去真正地理解儿子，给予他无条件的爱和支持。我之前却把这个顺序弄反了。

从那以后，我认真学习教育理念，**努力让自己成为一个理智、情绪稳定的家长。**

正如心理老师给我的建议：**不要过分关注孩子日常的表现，不要因为孩子玩一会儿手机而焦虑不安，我做好自己该做的事，不把儿子当成生活的全部。**

我把学到的各种亲子沟通技巧和相处方法，积极运用到和儿子的日常相处中。有一次，看到儿子很晚还在打游戏，要是以前，我肯定会大发雷霆，但这次，我深吸一口气，平静而坚定地对他说：

"儿子，游戏可以玩，但太晚了会影响你的身体和第二天的状态，我们定个时间，到点就休息，好吗？"说完这句话，我心里有些忐忑，担心他会像以前一样发脾气。然而，令我惊喜的是，儿子虽然有些不情愿，但还是点了点头，关掉了游戏。那一刻，我心中充满了惊喜，我知道，我的改变开始有效果了，儿子感受到了我的关心，明白我并没有放弃他。

后来儿子的一次倾诉，更让我坚定了改变的决心。儿子告诉我，自从他被确诊抑郁症后，他能感受到我的变化。他知道我为他付出了很多，每天小心翼翼地顺着他，他心里很愧疚，也很心疼我。但是，我的这种态度也让他压力很大，他觉得自己好像成了家里的负担，他不想看到我这样卑微的样子，所以才会控制不住地对我发火。每次吼完我，他又特别后悔，觉得自己很不孝顺，这种矛盾的情绪让他每天都在痛苦中挣扎。

现在回想起来，那段时间，儿子是多么需要我正确的引导啊，而我走了那么多弯路，让他独自承受了那么多的痛苦。不过，好在现在我明白了，一切都还来得及。

在调整与儿子相处模式的同时，我也深刻地意识到，我以前的教育方式存在很多问题。以前，我对儿子的教育方式过于强势，总是把自己的期望和价值观强加给他。我经常跟他讲我小时候的艰苦经历，比如小时候外婆重男轻女，为了把钱留给舅舅，妈妈只读完初中就没再继续读下去；为了上学要走很远的山路，家里条件不好但依然努力学习，希望他能明白现在的生活来之不易，要珍惜并努力学习。我的本意是激励他，却没想到给他带来了巨大的压力。他可能觉得如果自己达不到我的期望，就是对不起我，这种压力长期累积，最终导致了他抑郁。

当儿子抑郁后，我的改变在他眼中却变成了一种情感勒索。他

会觉得我的讨好是在逼他快点好起来，就好像在对他说："你看我都这样为你改变了，你怎么还能抑郁呢？"这种误解让我们之间的关系陷入了恶性循环。

现在，在心理老师一步步的帮助下，我通过学习彻底改变了这种不良的亲子互动模式。我不再把自己的想法和要求强加到儿子身上，而是尝试用科学的方法去激发他的内在动力。

我告诉儿子："成绩不是衡量你价值的唯一标准，你要找到自己真正热爱的事情，那才是你前进的动力。"

儿子有些迷茫地问我："妈妈，那我怎么知道自己喜欢什么呢？"

我微笑着对他说："你可以回忆一下，从小到大，有没有什么事情让你做起来特别有热情，即使遇到困难也愿意坚持，而且做完之后会有很大的成就感的呢？那可能就是你真正喜欢的。"

儿子听了我的话后，若有所思地点了点头。

过了几天，儿子兴奋地跑来对我说："妈妈，我觉得我喜欢画画！我以前画画的时候就感觉特别快乐，而且老师和同学都夸我画得好呢，只是后来学习太忙，就没怎么画了。"看着他眼中重新燃起的希望之光，我激动地说："儿子，那你就继续画下去吧，把你的热情和天赋发挥出来。"儿子用力地点了点头，那一刻，我看到了他眼中的光。

眼中重新闪烁自信的光芒

通过这次经历，我深刻地认识到，面对抑郁的孩子，父母不能被他们的负面情绪所控制，从而失去教育的原则。科学的引导和适当的要求，才能真正帮助孩子走出心理困境。

在之后的日子里，儿子仿佛重新找回了生活的方向和努力的动力。他明白了追求梦想和好好学习并不矛盾，他开始主动规划自己的学习时间，努力补上落下的课程。当在学习上遇到困难时，他也不再像以前那样把自己封闭起来，而是主动和我沟通，我们一起想办法去解决问题；也不再像过去那样沉迷手机游戏，闲暇时还会和我一起下棋、画画、出去骑车，放松自己。

就这样，在我的陪伴和努力下，不到半年的时间，儿子的抑郁症状逐渐消失了，他又变回了那个阳光、开朗、积极向上的少年，眼中重新闪烁着自信的光芒，每天都充满活力地面对生活和学习。

回想起陪儿子走过这段抑郁的时光，我感慨万千。我想对所有青春期孩子的父母说，在孩子成长的道路上，我们难免会遇到各种各样的问题。如果你的孩子也出现了类似的心理困扰，千万不要因为惊慌和自责而失去方向。我们要积极寻求专业帮助，调整好自己的心态，用正确的方式去陪伴和引导孩子，让他们在爱的阳光下重新绽放光彩。因为只有我们和孩子一起成长，才能帮助他们渡过难关，迎接美好的未来。

视频：孩子说不想活了，
你决定他的未来

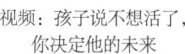

慢慢
心语

"教育的本质意味着：一棵树摇动另一棵树，一朵云推动另一朵云，一个灵魂唤醒另一个灵魂。"雅斯贝尔斯的这句名言，精准地道出了教育的真谛。

案例中，母亲陪伴儿子走出抑郁的经历，给我们所有家长敲响了警钟。孩子成长过程中，我们常犯错，总以为凭自身经验为孩子规划好一切，用成绩衡量他们的价值，就是尽责。像这位母亲，想通过讲述自己的艰辛过往激励儿子，没承想却成为孩子抑郁的诱因。

青春期的孩子内心复杂敏感，家庭氛围与亲子关系密切相关。家长强势，孩子会叛逆反抗；发现问题后过度讨好，孩子又觉得被放弃，陷入迷茫。正确的做法是：家长修炼自身，保持情绪稳定，以平等、尊重的心态构建沟通桥梁，走进孩子内心。

每个孩子都是独特的个体，都有其专属闪光点，成绩绝非唯一标尺。就如案例中的儿子，找到画画的爱好后，重燃希望。家长要停下脚步，发现孩子热爱之事，点燃他们内心的热情，助其冲破困境。

育儿之路坎坷，可只要家长愿学习、愿成长，与孩子携手，必能守得云开。当孩子出现心理困扰时，千万别因惊慌自责而乱了阵脚，要先调整心态，用爱与智慧陪伴、引导孩子。相信在温暖的陪伴下，孩子定能绽放光彩，不负这场亲子缘分。

02

从休学到复学，
帮助抑郁的儿子重建自信

青春期的儿子，眼神突然变得空洞而冷漠

儿子尚处少年，本应朝气蓬勃，却被抑郁症的阴霾笼罩，无奈之下只能休学。

那段日子，家中的空气仿佛都凝固了，看着儿子暗淡的眼神和消沉的模样，我的心也被深深刺痛。

儿子是我们家族他这一代的第一个孩子，从出生那一刻开始，全家都对他寄予厚望，期望他能在学业与各项技能上出类拔萃。

儿子从上小学开始，除了学校正常的学业，课余时间也被安排了密密麻麻的学习任务和兴趣培养活动。周一到周五的晚上，他不是在数学培优班里绞尽脑汁地解难题，就是在语文提升课堂上诵读经典、剖析文章；周末更是如同赶场一般，上午奔赴乐器学习室，在琴弦或琴键上苦苦练习指法，下午又投身于体育训练场，在球场上追逐跳跃。我一心想着让他充分利用时间，成长为一个全面发展的优秀少年。

起初，儿子或许是出于对我们的顺从，或许是尚未形成自己强烈的自主意识，勉强地配合着这一系列紧凑而繁重的安排。

可随着年龄的增长，他开始有了自己的想法，对这种"填鸭式"的安排表现出强烈的抵触情绪。他抱怨学习负担太重，渴望能有一些自由支配的时间去做自己喜欢的事。

但那时我并没有重视他的诉求，毕竟身边其他孩子的安排都是这样紧凑，他们有的兴趣班比我们的还多。在我看来，这些付出都是为了他的未来，而且已经投入了大量的精力和资源，如果半途而废，岂不是前功尽弃？

我坚信，只有经历当下的辛苦，才能收获明日的辉煌，所以依旧坚持己见，督促他继续前行。

然而，随着儿子年龄渐大，进入青春期后，他的学习状态却每况愈下，情绪问题愈发突出。儿子常常因为一点小事就陷入长时间的低落，对周围的一切都提不起兴趣，甚至还会自言自语说"活着真没有意思"。

我试图用自己的方式劝导他，跟他讲前辈生活的艰辛和努力奋斗的必要性，想让他明白大家都是这样不容易，却发现他只是静静听着，眼神空洞而冷漠，随后便又陷入更深的沉默寡言之中，有时还会突然情绪失控，冲我发脾气，那些愤怒的话语像锋利的刀刃一般，在我们之间划出一道道深深的裂痕。亲子关系也在这种紧张的氛围中变得岌岌可危，我们之间的交流越来越少，原本亲密无间的母子关系仿佛被一道无形的高墙隔开，彼此的心灵渐行渐远，隔阂越来越深。

直到那噩梦般的一天来临，那天早上，我像往常一样叫儿子起床准备去学校，他却蜷缩在被子里，眼神空洞得如同失去了灵魂的木偶，嘴里喃喃地说道："妈妈，我不想去上学了，我觉得自己在学习上就是一个失败者，一无是处。在学校里，我也没有朋友，感觉自己就像一个被所有人遗弃的人，对我来说，这样的生活毫无意义。"

我当时只感觉脑袋"嗡"的一声。心急如焚的我，在慌乱与焦虑之中，忍不住又责备了他几句，试图用强硬的方式让他振作起来，像往常一样打起精神去面对学习和生活。

我提高了声音说道："你怎么能这么想呢？你就是太懒了，一点挫折都受不了，只要你努力，怎么会学不好？赶紧起床，别再胡思乱想了！"

可他只是呆呆地看着我，那绝望而无助的眼神，如同冰冷的寒潭，深不见底，让我瞬间感到一阵彻骨的寒意从心底涌起。

从那之后，儿子的厌学情绪愈发严重，每天把自己关在房间里，不去学校，拒绝学习，对任何事情都缺乏热情。也不再触碰作业，书本被扔在角落。儿子整个人仿佛失去了灵魂。

看着各科从未有过的低分，我狠狠地骂了儿子一顿。儿子当场就跟我翻了脸，并说他恨我。

随着时间的推移，儿子的情况丝毫没有好转，最后甚至连房门都不愿意出，整天躺在床上，沉浸在自己的世界里，玩手机、打游戏，和陌生网友聊天，就是不跟我们说话。

看着曾经充满活力的儿子变成如今这样，我满心都是懊悔和自责。我不停地在脑海里反思，到底是哪里出了错？自己究竟做错了什么？

父母苛责 VS 孩子自信心

为了寻找答案，我如同一个在黑暗中迷失方向的行者，四处摸索，寻求帮助，拼命地学习各种关于青少年心理健康教育的知识，阅读大量的书籍、文章，参加各种线上线下的讲座与培训；我还四处咨询专业的心理医生、教育专家……不放过任何一个可能为我答疑解惑的机会。在这个漫长而痛苦的过程中，我逐渐在迷雾中看到了一丝曙光，开始明白过来。

儿子之所以会陷入如此困境，产生严重的厌学情绪和抑郁倾向，根源在于他的"自信心"受到了近乎毁灭性的打击。

在心理学中，自信心是一个人对自己能力和价值的信任与肯定，它如同大厦的基石，是个体积极面对生活、勇于挑战困难的重要心理支撑。

一个拥有高度自信的孩子，会相信自己能够应对各种问题，在面对挫折时也能保持乐观和坚韧；而缺乏自信的孩子，容易自我怀疑、自我否定，对生活失去信心和动力。

著名心理学家班杜拉提出的"社会学习理论"说：个体通过细致入微地观察和模仿他人的行为，以及接受外界给予的各种反馈，来学习和塑造自己独特的行为模式与自我概念。如果孩子长期处于被否定的恶劣环境中，他们就会潜移默化地将这些负面评价内化，在内心深处认定自己就是无能的、失败的，这种消极的自我认知会如同毒瘤一般，深深地侵蚀他们的自信心，进而严重影响他们的心理健康。

孩子在成长的过程中，需要不断地从外界获得正向的反馈，以此来构建健康而稳固的自我认知和自信体系。当他们所接收到的外界评价大多是批评、指责和否定时，他们内心深处构建的自我形象就会如同危房，随时会崩塌瓦解，进而陷入自我贬低的无尽旋涡。

在过去的教育中，我总是以近乎苛刻的标准要求儿子，总觉得我小时候没有这么好的学习条件，现在我要全部提供给我的儿子，眼睛紧紧地盯着他的成绩和各种表现，却严重忽视了他内心深处的真实感受和努力过程。每当他在学习或其他方面出现一点失误，我都会批评指责，很少给予他鼓励和肯定。我错误地以为，这种严厉的方式能够成为他前进的动力，激励他不断进步。

然而，我却没有意识到，这种做法就像一把双刃剑，在我试图推动他向前的同时，也在一点点地削减他的自信心。他开始觉得，无论自己怎么努力，都无法达到我的期望值，仿佛自己永远都无法成为我心目中那个完美的孩子。

在这种长期的心理压力和自信心缺失的双重折磨下，他最终在困境中彻底迷失了方向，被抑郁的黑暗情绪无情地吞噬。

密钥：肯定与鼓励

我终于如梦初醒，决定全力以赴帮助儿子重建破碎的自信心，让他重新找回那个阳光自信、对生活充满热爱和憧憬的自己。

1. 修复亲子关系，只有把孩子"养亲了"，才有机会打开他的内心。

我首先做的就是调整自己的心态和教育方式，不再以成绩和结果为唯一的衡量标准，而是更多地关注儿子的努力和进步。我会耐心地倾听他的想法和感受，尊重他的选择和决定，让他感受到他是被理解和尊重的。

例如，当他对绘画表现出兴趣时，我不再像以前那样认为这是在浪费时间，而是积极地去支持他，为他购买绘画工具，鼓励他去尝试。

每当他完成一幅简单的画作，我都会真诚地给予赞美，指出其中的亮点和进步之处，如："儿子，你看这色彩搭配得多和谐，你对色彩的感知很敏锐啊！""这幅画的线条比上次流畅多了，你肯定下了不少功夫！"

这些肯定和鼓励，让他在绘画中逐渐获得成就感，从而不断地提升自信心。

儿子一直喜欢看漫画，还偷偷去同学那儿借了几次，我怕耽误学习，一直没给他买。现在想想，打着为他好的旗号，好像从没在意过他的感受。

趁着孩子在家，我提前在网上做了功课，把他一直渴望拥有的原版漫画都买了回来，那一刻，儿子非常开心。

通过这些方式，我积极和儿子联结，让儿子感受到来自父母的关注和接纳，我也不再像过去那样简单粗暴地否定他的喜好，而是让他在积极反馈中发现自己的优点，看到自己的价值。

2. 鼓励孩子走出家门，参与一些社交活动和团队项目，帮助他在交往中重建自信。

刚开始，他非常抗拒，害怕面对陌生人，担心自己会被嘲笑或不被接纳。我便先从邀请他的一两个好朋友来家里做客开始，让他在熟悉的环境中慢慢适应与他人交流互动。然后，我又鼓励他参加社区组织的一些公益活动，如植树活动、关爱小动物活动、关爱老年人活动等。在这些活动中，他结识了一些志同道合的朋友，大家一起合作完成任务，他也逐渐发现自己能够为团队作出贡献，能够得到他人的认可和赞扬。

比如，在植树活动中，他虽然力气不大，但认真负责地扶苗、浇水，得到了其他小伙伴和组织者的表扬，他的脸上也露出了久违的笑容。这让他意识到自己是有价值的，是被需要的。

3. 主动与学校老师沟通，帮助儿子克服学习恐惧和自卑心理。

儿子很幸运，遇到了不错的老师，我把这些情况和老师说了之后，老师们都非常理解和支持，并且为儿子制定了个性化的学习计划，从简单的基础知识开始，逐步增加难度，让他能够在学习中不断取得进步。

我也每天陪着儿子一起学习，当他遇到困难时，不再批评、指责，而是和他一起分析问题，引导他找到解决问题的方法。

每当他攻克一道难题，或者在一次小测验中取得进步时，我都会和他一起庆祝，如带他去吃他喜欢的美食，或者给他买一本他期待已久的漫画书，让他明白自己有能力学好知识，只要努力就会有收获。

经过一段时间的努力，儿子终于有了明显的变化。他开始主动走出房间，和家人的交流互动也渐渐增多，对学习也重新燃起了热情。他会主动拿起书本复习功课，积极参加学校组织的各种活动。看着他逐渐恢复自信，眼神中重新闪烁出希望的光芒，我心中充满了欣慰和感动。

带着我一步步从黑暗里走出来的心理老师说得真对：**"这个过程，虽然是孩子的复学之路，但其实也是家长重建认知之路。"**

在这个过程中，儿子的情绪仍然会有反复，有时遇到挫折还是会陷入自我怀疑和沮丧之中。但我始终陪伴在他身边，用爱和耐心为他加油鼓劲，不断提醒他曾经取得的进步和成就，让他相信自己是有能力克服困难的。

如今，儿子已经成功复学，并且在学校里表现得越来越出色。他积极参与课堂讨论，主动回答问题，和同学也相处得十分融洽。他还参加了学校的绘画社团和志愿者团队，在自己擅长的领域里发光发热。

回首这段艰难的历程，我深刻地认识到，**对于抑郁的孩子来说，重建自信心是他们走出困境、回归正常生活的关键。作为家长，我们要有足够的耐心，多理解和支持孩子，陪伴他们一步一步地重新找回自我，迎接美好的未来。因为自信心就是孩子心中最灿烂的阳光，能够驱散阴霾，照亮他们前行的道路。**

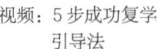

"学校教育非常重要，但无论多么重要，都只是家庭教育的重要补充。"从"情境—自动思维—反应（行为反应）"这一角度看，学生做出拒绝上学行为反应的直接原因，是情境和反应之间的自动思维。也就是说，面临具体情境时，学生如何看待或解释这些情境，会直接导致学生做出拒绝上学的行为反应。

家长改变一分，孩子改变十分。家长对待孩子时，改变对待孩子的策略或方法，用新的方式与孩子互动，孩子也就会发生相应的改变。

要想帮助孩子重新回到学习正道上，家长需要做到以下5点：

1. 情绪管理：家长只有管理好自己的暴躁、焦虑等情绪，才能理性地找到解决问题的最佳策略。

2. 提升亲子沟通技能：掌握有效沟通技能，孩子才愿意和家长沟通，才听得进去，家长才有影响孩子的渠道。如果孩子都不愿意跟家长说话，家长就无法影响孩子。

3. 行为改变策略：用不一样的方式对待孩子，影响到孩子的行为，使得孩子在家庭中的行为发生改变。

4. 改变家庭环境：改变家庭环境（物理环境、人际关系等），帮助孩子从沉闷、闭塞的家中走出来。

5. 关注孩子在学校的表现：帮助其适应学校生活。

03 从没打骂过女儿，都是夸奖与鼓励，为何她还是抑郁了

在育儿路上，我曾笃定地认为，爱与夸奖如同明亮的灯塔，能引领女儿穿越成长的重重迷雾，抵达幸福的彼岸。然而，现实却如一场无情的暴风雨，将我心中那艘满载希望的帆船击得粉碎。

女儿——这个在我无尽夸赞与鼓励下成长的孩子，竟陷入了抑郁的黑暗深渊。这究竟是为何？是我错了，还是命运给我开了一个残酷的玩笑？

女儿的成长之路：在夸赞中起航

我从小是在父母的抱怨声中长大的，在填高考志愿时，我填的全是省外的学校，想着离家越远越好。我凭着自己的努力在这座省会城市上大学、找工作、谈对象并安了家，想的是：如果哪一天我当了妈妈，一定不会像我的妈妈那样对待孩子。

女儿呱呱坠地的那一刻，我的世界便被她的光芒填满。她那

如星辰般闪烁的眼眸、软糯的小脸，仿佛是上天赐予我最珍贵的礼物。从她发出第一声啼哭起，我便在心中默默发誓：要给予她最无微不至的爱与最坚定不移的支持，让她的人生旅程充满阳光与欢笑。

当她第一次努力抬起那小小的脑袋，好奇地打量着周围的世界时，我和丈夫激动地守在她的床边，眼中满是惊喜与骄傲。我们轻轻地抚摸着她的小脸，用最温柔的声音告诉她："宝宝，你真棒！你是世界上最勇敢的小宝贝。"那一刻，她似乎听懂了我们的夸赞，嘴角微微上扬，露出了天真无邪的笑容。这个笑容，如同春日里绽放的花朵，深深地印刻在我的心中，成为我日后不断给予她鼓励的动力源泉。

随着女儿逐渐长大，她的每一个成长里程碑都被我们用夸赞精心标记着。当她第一次含糊不清地叫出"妈妈""爸爸"时，整个家庭都沉浸在欢乐的海洋中。我们抱着她，不停地重复着她那稚嫩的发音，仿佛那是世界上最动听的声音。随后，便是一场盛大的庆祝，亲朋好友纷纷前来祝贺，大家都对女儿的聪慧赞不绝口。在众人的夸赞声中，女儿的眼睛里闪烁着兴奋与自豪的光芒，她似乎已经习惯成为众人瞩目的焦点，而我们也乐此不疲地为她搭建着这个舞台。

进入幼儿园的女儿开始展现出她在艺术方面的天赋。她的画作常常被老师贴在教室的展示墙上，每当我去接她放学，看到那一幅幅充满想象力的作品，心中的喜悦便如泉水般涌现。我会当着所有小朋友和老师的面，紧紧地抱住她，大声说："宝贝，你画得太棒了！你简直就是一个小画家。"女儿则会害羞地躲在我的怀里，但我能感受到她内心的喜悦与满足。在幼儿园组织的各种活动中，无论是唱歌、跳舞还是讲故事，女儿都积极参与。每一次表演结束后，无论结果如何，她都会得到我们最热烈的掌声和最诚挚的夸赞。我们告诉她，重要的不是结果，而是她敢于站在舞台上展示自己的勇气，这种勇气是无比珍贵的。

小学时光的开启，让女儿面临新的机遇与挑战。她在学习上表现出色，每次考试成绩都名列前茅。每当她拿着试卷满心欢喜地跑回家向我们报喜时，我们都会给予她丰厚的奖励，或是一本她心仪已久的书，或是一次期待已久的旅行。她的房间里挂满了各种奖状和荣誉证书，那是她努力的见证。我们常常对她说："女儿，你是我们的骄傲，你这么聪明又努力，将来一定会成为一个了不起的人。"在学校里，她也是老师眼中的好学生、同学们羡慕的对象。她积极参加各种社团活动，担任班干部，组织班级活动时也井井有条。我们看着她在校园里如鱼得水般成长，心中满是欣慰与自豪，以为这样的夸赞与鼓励会成为她不断前进的永恒动力。

在家庭生活中，我们也处处以女儿为中心。她的任何要求，只要合理，我们都会尽量满足。我们会陪她一起玩游戏，一起看她喜欢的动画片——即使我们对那些幼稚的情节并不感兴趣。在她遇到困难或挫折时，我们总是第一时间出现在她身边，为她排忧解难，并用鼓励的话语让她重新振作起来。我们告诉她："宝贝，你是最棒的，这点小困难算不了什么，你一定能够克服。"我们以为，这样的陪伴与鼓励，能让她感受到无尽的爱与安全感，从而拥有一颗坚强而自信的心。

可以这么说，女儿就是我们家和老师们的团宠。在大家的期盼中，她考上了本地最好的初中。

抑郁的阴霾：遮蔽阳光的日子

然而，命运的转折总是在不经意间降临。女儿步入青春期后，仿佛变了一个人。曾经那个活泼开朗、充满活力的小女孩渐渐消失，取而代之的是一个沉默寡言、眼神忧郁的少女。

起初，变化是细微的，也是容易被忽视的。她开始变得有些孤僻，不再像以前那样热衷于和我们分享学校里的点点滴滴。放学后，她总是径直走进自己的房间，关上房门，一待就是几个小时。当我们关切地询问她是否遇到了什么事情时，她只是淡淡地回答："没什么，只是有点累了。"我们以为这只是青春期孩子的正常反应，可能是学习压力大了，需要一些自己的空间，所以并没有太在意。

但随着时间的推移，情况愈发严重。她的学习成绩开始下滑，曾经轻松就能取得的好成绩，如今也变得遥不可及。她对学习的热情似乎一夜之间消失殆尽。每天早上她都要花费很长时间才能起床，经常因为迟到而被老师批评。作业也不再像以前那样能认真完成，常常是敷衍了事。我们开始担心起来，试图和她沟通，了解她内心的想法。可是，每当我们提及学习的事情，她就会变得烦躁不安，甚至和我们发生激烈的争吵。

有一天，我在整理她的房间时，偶然发现了她的日记本。出于对她的关心，我忍不住打开了它。然而，里面的内容让我心痛不已。日记中充满了她对自己的否定和对生活的绝望。她写道："**我感觉自己好累，好像无论我怎么努力都无法达到他们的期望。我不想再这样下去了，我觉得自己很失败。**"看到这些话，我的心仿佛被重重地捶了一下。我这才意识到，女儿的内心世界已经变得如此黑暗，而我一直浑然不觉。

与此同时，女儿的身体也出现了问题。她开始频繁地失眠，夜晚躺在床上，望着天花板，思绪万千，却无法入睡。即使好不容易睡着了，也很容易惊醒，然后便再也无法入睡了。白天，她无精打采，眼神空洞，对任何事情都提不起兴趣。她的食欲也大大减退，整个人变得越来越瘦。

在学校里，她的情况也引起了老师的关注。老师反映她上课经常走神，注意力不集中，作业完成质量差，而且很少与同学们交流互动。有一次，在课堂上，她突然情绪失控，大哭起来，让老师和同学们都感到十分惊讶和担忧。老师试图安慰她，但她只是不停地哭泣，什么也不肯说。

面对女儿的这些变化，我和丈夫心急如焚。我们不知道该如何帮助她，曾经那些有效的夸奖与鼓励如今似乎都失去了作用。我们带她去看医生，做了各种身体检查，但结果都显示她的身体并没有什么问题。这时，我们才知道，女儿的问题并不是身体上的，而是心理上的。

经过身边人的建议，我不得不带女儿去看了精神科，而诊断的结果是"轻度抑郁障碍"！

我大为震惊，不知所措。我们试图和她谈心，希望她能敞开心扉，告诉我们她到底怎么了。可是，她总是回避我们的目光，拒绝和我们交流，将自己封闭在一个孤独的世界里。

带孩子看完医生后，医生开了一些药，可孩子自己上网查了后，说这些药有很多副作用，拒绝吃药。但是她又仗着自己"抑郁"，心安理得地开启了躺平生活，除了睡觉就是看手机，早上起得来就去学校，起不来就让我跟老师请假。

我无数次和老师请假，搞得我羞愧难当，真想把女儿暴吼一顿："你是真的抑郁了吗？你就是不想好好学习吧！别找借口了！"

探寻抑郁的根源：觉醒与重生之旅

看着原先漂亮优秀的女儿，最近一阵子长胖了近20斤，在家蓬头垢面，毫无青少年应有的朝气，我陷入了无比烦躁之中。我不停地问自己："为什么？为什么我们一直给予她爱与夸奖，她却还是会变成这样？"在无数个夜晚的辗转反侧中，我开始反思自己的教育方式，试图寻找问题的答案。

一开始，我是羞于把女儿的真实情况告诉别人的，我到处在网络上匿名求助，发现得到的信息都是只言片语，稍不注意，还会被别有用心之人欺骗。后来一次偶然的机会，我遇到了一位心理老师，她告诉我："青春期是人生最重要的叛逆期，孩子要在这个阶段找到自我。她也是在用过去的行为模式去验证当下。而且人是立体的，有优点，有缺点；有美好，有丑陋。这些都是真实的我们，都要学会去接受。"

经过几次详细咨询后，我逐渐意识到，我们的夸奖与鼓励虽然看似充满爱，但实际上给女儿带来了巨大的压力。我们总是过于关注她的成绩、成就和表现，将这些外在的东西作为衡量她价值的主要标准。我们不停地告诉她"你是最棒的，你一定要成功"，却忽略了她内心的感受和真正的需求。我们把自己的期望和梦想强加给了她，让她在追求完美的道路上越走越远，最终不堪重负。

女儿为了达到我们的期望，一直努力地表现自己，不敢有丝毫懈怠。她害怕失败，害怕让我们失望，因为在她的心中，只有优秀才能得到我们的爱与认可。然而，生活不可能总是一帆风顺，当她遇到挫折时，她无法接受自己的失败，因为她觉得那意味着她不再是我们眼中那个完美的孩子。这种内心的冲突和矛盾逐渐吞噬了她的心灵，让她陷入了深深的自我否定和绝望之中。

当我明白了这些后，我稍微舒展了一下紧蹙的眉头，按照老师教的，回到家，决定先把全屋来个大扫除，扔掉占空又无用的杂物，将环境清洁起来。于是，每天下班回来，我不再时刻盯着女儿，关心她今天怎么又没吃饭、今天怎么又没上学等小事，开始照着网上教的"断舍离"，一点点收拾家务，最后居然整理了五大包平时根本用不上的杂物。

我找物业工作人员借了一个大拖车，将五大包杂物一股脑儿全部拖到楼下，扔进垃圾箱里。扔掉垃圾的那一刻，我非常轻松，我似乎体会到女儿的感受：明明心里已经装不下了，可家长还是不停地灌输给她"好棒"。我的女儿真是一个好孩子，为了不扫爸爸妈妈的兴，这么多年一直在伪装自己，配合着我们的"幸福"。

我看见空了很多的屋子，心里突然敞亮了许多，体会到老师说的那句话："**一个人只有内心清净，才会感受到轻松。**"

经过一个多月的调整，女儿逐渐走出房门，不再和我们对抗，虽然还是每周会请2—3天的假，但是已经开始拿起书本背单词、刷练习题了。征得女儿的同意后，我带她去见了心理咨询师。老师对女儿进行了全面的心理评估，并为她制订了一套个性化的心理辅导方案。

在进行心理辅导的过程中，我也开始学习如何正确地与女儿沟通和相处。我学会了倾听，不再只是一味地说教和给予鼓励。当女儿愿意和我说话时，我会静静地坐在她身边，认真地听她倾诉，不打断她，不评判她。我会用眼神和肢体语言表达我对她的关注和理解，让她感受到我是在真正地陪伴她，而不是试图改变她。

我也开始调整自己的心态，不再将女儿的成功与否与我的自我价值联系在一起。我告诉自己，女儿是一个独立的个体，她有自己的人生道路要走，我不能将自己的期望强加于她。我要学会接受她的不完美，爱她原本的样子。

1. 评价方式多元化，认同孩子的兴趣爱好，不再一味地盯着分数。

心理老师告诉我，对青春期的孩子需要采用"认知行为疗法"，来帮助他们改变思维方式和行为习惯。通过一系列的心理训练和辅导，女儿逐渐学会了正确地看待自己和周围的世界。她开始认识到，失败并不意味着她一无是处，每个人都会遇到挫折，重要的是如何从失败中吸取教训，重新站起来。

在这个过程中，我也积极参与女儿的治疗。我会按照老师的建议，和女儿一起制订一些合理的学习和生活计划。我们不再追求过高的目标，而是注重过程和努力。当女儿取得一点点进步时，我们会给予她真诚的肯定和鼓励，但这种鼓励不再是空洞的夸赞，而是基于她的努力和付出。当女儿完成了一项作业，虽然不是完美无缺，但她付出了努力，我们会说："女儿，你今天做作业很认真，我看到了你在努力，这很棒。"

我们也会鼓励她多参加一些自己喜欢的活动，培养自己的兴趣爱好，让她在这些活动中找到快乐和自信。女儿过去特别喜欢"二次元"，我总是嫌弃她把自己弄得"妖魔鬼怪"；现在我会陪着她一起参加动漫展，陪她选参展的衣服和配饰，尽量引导孩子阳光一些。

经过一段时间的努力，女儿的状态逐渐好转。她的脸上开始重新浮现出笑容，虽然那笑容还带着一丝羞涩和疲惫，但已经足以让我感到欣慰。她的睡眠质量有所提高，食欲也逐渐恢复正常。在学习上，虽然她还没有恢复到以前的优秀水平，但她已经不再害怕学习，而是愿意努力去尝试。

2. 尊重孩子的想法，相信一代会比一代强。

她开始主动和我们交流，分享她在学校里的事情和自己的感受。她会和我们一起讨论她的兴趣爱好，如追哪个明星、谁和谁好像在谈恋爱等。我们也会一起去看画展、听音乐会，在这些活动中，我们感受到了彼此之间的亲密和信任。

我也不再否定她那些我认为不成熟的想法，而是给她试错的空间。按照老师说的，坚决给孩子"兜底"，只要不是错得非常离谱，都不干涉。并且在这个过程中，帮女儿建立属于自己的评价体系，让她学会客观看待他人的评判，成为精神独立的个体。

我也从他们"00后"身上学到了很多自己缺失的东西，也让我有了思考。父母真的不用绑架孩子，担心他会过得不好。我们只需要在旁边静静欣赏，适度地提供帮助就好。时代一定是在进步，他们也会更优秀。

如今，女儿还在继续她的康复之旅。我知道，她的内心可能还残留着一些阴影，但我相信，只要我们继续给予她爱与支持，她一定能够彻底走出抑郁的阴霾，重新拥抱阳光灿烂的生活。

这次经历让我深刻地认识到，育儿不仅仅是给予孩子物质上的满足和表面上的夸奖，更重要的是关注孩子的心理健康，尊重他们的个性和需求，用正确的方式引导他们成长。我们的孩子是立体的、多元的，他们是活生生的人，有血有肉，有情有欲。我们怎么看待这些，决定了我们会如何与孩子互动。

我希望我的这次经历能够给其他家长敲响警钟，让大家在育儿的道路上更加谨慎和用心，避免让孩子陷入类似的困境。因为，**每个孩子都是一颗独一无二的星星，他们需要的是一片能够自由闪烁的天空，而不是被压力和期望束缚的囚笼。**

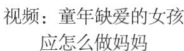

"教育不是注满一桶水，而是点燃一把火。"叶芝的这句名言，宛如一盏灯，照亮了家长在育儿途中那些易被忽视的幽径。

身为心理咨询师，聆听这对母女的故事，心中满是酸涩与欣慰。母亲那毫无保留的爱，曾如春日暖阳，却因不当的方式，险些让孩子的世界陷入寒冬。看着她最初的迷茫、自责，我深知这是多少家长共有的痛——满心期许，却在不经意间给孩子带来巨大压力。

青春期的孩子，本就似羽翼渐丰却又敏感脆弱的雏鸟，内心渴望独立，又惧怕风雨。当母亲过往的夸赞化作沉甸甸的"必须优秀"的压力，孩子的心灵之舟怎能不漂荡欲沉？好在母亲及时觉醒，勇敢叩响改变之门，这是多么令人动容的勇气。

在陪伴她们走出阴霾的过程中，我深切地感受到，教育是一场温暖的修行。家长们需放下"掌控一切"的执念，用尊重与耐心化作轻柔的风，去呵护孩子心中那星星之火。少一些"你要如何"的命令，多一些"我懂你"的共情；少一些紧盯成绩的焦虑，多一些发现兴趣的欣喜。

每一个孩子都是天赐的珍宝，带着无限潜能与光芒来到世间。愿家长们都能怀揣着这句箴言，以爱为笔，以智慧为墨，绘出孩子自由成长的绚丽画卷，让那把火在孩子心中熊熊燃烧，照亮他们奔赴梦想的前路。

04 17岁的儿子
重度抑郁到"双相"①

我怀揣着对儿子未来的无尽期许，小心翼翼地呵护着他健康成长，却未曾料到，那看似风平浪静的青春湖面下，正暗潮汹涌，将我们一家人卷入了一场与心理疾病艰难抗争的旋涡之中。

隐匿在成长轨迹中的情绪暗痕

儿子从小便是邻居眼中懂事乖巧的孩子，他性格内敛、温顺，凡事总是默默地听从安排，鲜少让我们操心。幼儿园到小学阶段，学业轻松，他也能紧跟步伐，课余时间摆弄玩具、阅读绘本，生活平静且温馨，成绩虽说不上拔尖，却也稳稳处于中上游。那时，阳

---

① "双相"，即双相障碍，精神医学名词。指脑部障碍，会导致一个人心境、能量和功能的显著改变。有这些障碍的个体，在明显的心境发作期间，有极端而强烈的情绪状态，可破坏关系，带来职业或学业问题，甚至可能导致自杀。《理解DSM-5精神障碍》，美国精神医学学会著，夏雅俐、张道龙译，北京大学出版社，2016年5月第1版。

光似乎毫无保留地倾洒在他童年的每一寸时光里。

然而，命运的风向悄然转变。儿子步入初中后，学业压力仿佛汹涌的山洪，裹挟着泥沙巨石，陡然间铺天盖地席卷而来。那紧凑得密不透风的课程，恰似上紧了发条的老式钟表，嘀嗒嘀嗒地催赶着学生们马不停蹄的学习；频繁的考试排名，更是一道道冰冷且紧固的紧箍咒，紧紧箍在孩子们头上，一点点勒紧他们生活的缝隙。

起初，细微的情绪涟漪开始在儿子心底泛起：暮色中低垂着头，书桌上堆满作业，昏黄的台灯映照着他略显单薄的背影，他停下笔，微微仰头，一声叹息悠悠溢出，似是肩头被压上了无形重担后的短暂卸力。每次测验成绩公布后，他清澈的眼眸瞬间黯淡，失落与沮丧如阴霾掠过，可眨眼间，便又强撑起嘴角，弯出一抹故作轻松的笑颜，声音软糯却坚定地安慰我们"没事，下次努力"。那懂事的模样，像极了努力藏起伤口、独自舔舐的小兽，让人心疼不已，而我们也被这懂事蒙蔽，误认为只是成长路上的寻常磕绊，却未曾洞察那潜藏在平静湖面下，正悄然汇聚、蓄势待发的情绪危机。

初二时课业加码。夜晚，家中静谧，唯余他房间那道门缝里透出的微光，倔强地划破黑暗。时针悄然划过数字"12"，他仍埋首书案，笔下沙沙，可浓重的疲惫已爬上眉梢。

清晨，闹铃还未响，他已在朦胧天色中起身，黑眼圈浓重得像被墨渍染色了，精神萎靡得像霜打过的茄子，往昔的朝气被疲惫吞噬殆尽。课堂上，在老师的讲解声中，他眼神游离，思绪似断了线的风筝，屡次被点名仍回神艰难；课间走廊上，同学嬉笑打闹声此起彼伏，他却独自倚着栏杆，目光呆滞地望向远方，对周遭热闹充耳不闻。

这样下去可不行！

我拉他坐在床边，轻声问询，他垂着头，双手无意识地揪着衣角，只是轻微摇头，嘴唇嗫嚅着"有点累，会调整好的"，声音虽小，语气却满是不想让我们担忧的逞强。

是不是他并不适合国内的教育方式？我心急如焚，恰好身边同事的孩子在国外读大学，说"感觉不错"，我心想着家境尚可，要不然试一试国外教育。

我的性格就是说干就干，雷厉风行，接下来便像无头苍蝇似的四处打听留学途径，联络中介，准备材料，参加面试，历经波折，终于为他叩开了国外一所高中的校门。初到异国，在视频通话时，他竟然像只重获自由的小鸟，兴奋地向我们展示古朴的校园、温馨的宿舍，让我们高悬的心觅得了暂时的栖息处。

可仅仅过了三个月，一天清晨，我的电话响了，电话那端，他声音颤抖、泣不成声，诉说着与寄宿家庭的"冰火两重天"——饮食差异很大，面包奶酪难以下咽；文化隔阂如厚墙，日常交流受到阻碍，生活琐事无人倾听，孤独感倍增。

学校是全英文授课，陌生的教学模式让儿子晕头转向。每逢考试临近，焦虑仿若将他一口吞没。儿子双手不受控制地颤抖，心脏狂跳得似乎要冲出嗓子眼儿，甚至出现了清晨佯装出门，实则逃避上课，在街头茫然徘徊的情况。

不久，学校老师察觉异样，紧急来电告诉我实情，我心中一惊，匆忙收拾行李，买了机票飞往儿子就读的国家。看到儿子时，我很震惊，眼前的他瘦了一圈，身形单薄似纸片，眼神空洞无神。那一刻，我的心似被重锤狠狠击中。我带他去诊所检查，医生给了一个诊断结果："双相情感障碍"。这一刻，我惊呆了，犹如五雷轰顶。

跨洋陪读的无奈

无奈之下，我只得匆匆返回国内，处理好手头的工作，凭借多年的关系和业绩，又向领导请了长假，即刻奔赴国外陪读，试图用陪伴为他筑起安全的港湾，帮助他驱散阴霾。初到寄宿家庭，我努力协调关系，学着烹饪西式餐点，与房东耐心沟通文化差异，调整时差和生活规律配合儿子的生活节奏，像一个不知疲倦的卫士守在他身旁。

可"双相情感障碍"这头"猛兽"，不会轻易因陪伴而被驯服。躁狂期，他精力过剩，半夜起身在房间踱步，滔滔不绝地规划宏大却不切实际的未来，情绪高昂得近乎失控；抑郁期又如被抽去脊梁，整日卧床，拉上窗帘，对世界封闭心门，拒绝进食与交流。看着他在情绪的两极剧烈摇摆，我满心无力，每一次安慰、劝解都似石沉大海，激不起一丝涟漪。

在异国他乡，面对儿子复杂棘手的病情，我十分迷茫、焦急。夜深人静时，等着儿子睡去，自己在昏黄灯光下疯狂地在网上搜索心理咨询师，渴望从专业人士那里探寻孩子患病的根源，找到能拉他一把的"救命稻草"。咨询过的"专家"形形色色，有的泛泛而谈，抛出些书本理论，对孩子实际情况帮助甚微；有的急于给出方案，却根本没深入了解孩子的性格、成长历程，这些方案缺乏实操性。

突然，国内一位心理专家在沉默许久后写道："青春期的'双相情感障碍'是否存在一定的误诊？我们也不要轻易给孩子下定论、贴负面标签。很多时候，孩子情绪问题的背后是问题家长、问题家庭，正是这些在家庭教育过程中不断施加于孩子的各种影响，导致孩子形成了'病理性记忆'，当这些记忆累积到一定程度，孩子承受能力崩溃，就会表现出一系列症状。大部分青少年的问题还是心理性的，如果真的已经严重到病理性的，那咱就勇敢面对，该看医生就看医生，该吃药就吃药，孩子是完全可以恢复到正常生活的。"

看到这段话，我安心了不少，不再完全被网络上各色信息裹挟，于是通过平台添加了老师的联系方式。老师详细复盘了儿子的成长过程后，帮我分析了孩子为何会发展成今天这样，原因就是他从小到大，大大小小的"病理性记忆"一步步影响了他的性格。

比如，我和爱人为了升职加薪，经常加班、出差，他很小就被交给保姆，甚至在幼儿园大班时，他还有长达一年的全托经历。那么小的他，一个人在幼儿园，没有爸爸妈妈的陪伴，一定很孤单。当他需要我们但我们又不在身边时，慢慢就形成了"求助也没有用"的认知，心里越发渴求。难怪我陪他的这段时间，晚上他都要开着灯睡觉，让我紧紧挨着他，说自己很害怕。当时我还觉得都这么大了，怎么还要妈妈陪着，成何体统！回首才惊觉，那曾经懂事听话、默默咽下所有情绪苦楚的孩子，早已被病魔缠缚，困于黑暗深渊。

后来，因频繁请假就医、情绪波动影响学业，校方委婉建议他休学调整。望着儿子在校园中愈发孤僻、格格不入的身影，我权衡再三，忍痛办理了休学手续，带着他踏上归程。在飞机上，他眼神呆滞地望向窗外，那迷茫无助的模样，像极了迷失在茫茫大海中找不到航向的孤舟。我攥紧他的手，泪湿眼眶，深知这场"战役"才刚刚打响，前面的路荆棘丛生。

回国后，我第一时间就约见了那位心理老师，期盼在熟悉的本土环境中，在她专业的指导和持续的助力下，能为儿子寻得更系统、更有效的康复路径，一点点拼凑回他破碎的青春与心灵。

我再一次详细讲述了孩子的成长经历，不再像当初打字那样断断续续，有很多不便。一番交谈下来，心理老师沉稳且专业的态度让我看到了曙光。她先是耐心倾听，听我絮叨孩子的成长点滴，从小学的顺遂到初中的压力初显，再到国外的种种不适应，全程没有丝毫不耐烦，还不时追问一些细节，挖掘那些被我忽略的"情绪暗角"。她温和地指出，孩子长期压抑内心真实感受，用懂事伪装自己，面对学业压力却不懂排解，中西方不同的文化冲击又成了"最后一根稻草"，最终导致他内心秩序崩塌。

老师跟我反复强调，像这类孩子，最重要的是对早期创伤的处理。就像地震了，房子都倒塌了，需要把废墟清理干净才能重建。儿子此刻就是心灵发生地震了，如果不先处理创伤，即使我现在做得再多，也等同于在废墟上加盖新房。

听从老师的建议，我辗转又去了几家三甲医院，重新给孩子做检查。按照医嘱，也适当地吃了一点药。医生也说，需要配合心理辅导，一定会很快就康复的。听到这些，我信心倍增，不再像之前那么焦虑了。我决定按照老师说的，一步步实行家庭治疗方案。

基于此，心理老师给我制订了"情绪疏导"计划，教我日常与儿子交流的话术，引导他袒露心声；分享缓解焦虑的实用技巧，如深呼吸配合积极的心理暗示，帮助儿子应对情绪波动；还建议调整生活节奏，融入轻松的户外活动，重塑身心平衡。

在荆棘中寻光，助力孩子重生

儿子虽然十分抗拒做心理咨询，但好在还愿意吃药，我最后还是放弃了说服他接受心理治疗，而是自己先开始了心理辅导的学习。

"病理性记忆"至少包括三种：叠加性心理创伤、叠加性心理渴求和不良的归因模式。我们很多时候认为"创伤"就是生活中发生的比较严重的事情导致严重的心理问题。那我儿子从小衣食无忧，没有经历过严重的事情，怎么就抑郁了？怎么就"双相"了呢？

其实，我们生活中会经历大大小小很多事，如较为严重的校园霸凌等，这些属于中度的心理创伤，会让人痛苦。还有看起来微不足道的，如孩子小时候被人嘲笑、被老师和父母当众批评，孩子内心感受特别不好；在家里总看到父母吵架；被逼着学习、补课；父母说话不算话；特别是现在网络发达，还会接触到恐怖电影、暴力血腥游戏以及价值观不正的小说、新闻等。

不管你愿不愿意，这些都会或多或少、潜移默化地影响着你。这些事虽然很小，甚至你自己都不记得了，但是如果它们经常出现在你的生活里，且越积越多，对你的精神、心理一点点侵蚀，就会影响你的心理状态。再加上不同个体面对挫折打击时有不同的应对模式，消极、不理性的人一旦遇到负性事件[①]，出现精神心理障碍的风险就会高很多。

根据"马斯洛需求理论"，当一个人安全和生存需求得到满足后，就会转向情感需求。现在的孩子面临更复杂的社会环境，但我们还停留在过去，未能与时俱进地掌握科学的教育方式。孩子这种叠加性的心理创伤就是在我们的情感忽视下一点点形成的。

经过近两周的梳理，我第一次学会了站在孩子的角度去思考：我到底想要什么？我们一起制订了三步规划，踏上了这场艰难却饱含希望的"救赎"之旅：

---

① 负性事件：是指那些对个体产生消极影响，导致身心不适或压力增加的事件。

1. 直面创伤，温柔"清创"

心理老师点明，过往那些被忽视的"小磕绊"，对于孩子而言，就是在心底扎根的尖刺。譬如，儿子在初中时因考试失利被同学无意嘲笑。在国内教育高压下，努力迎合标准而不断压抑自我，在异国他乡遭遇文化壁垒，生活孤立，种种经历层层堆叠，成了困住他心灵的荆棘丛。

处理创伤刚开始时，需营造绝对安全的氛围。我与儿子选在静谧的午后，在洒满阳光的阳台上相对而坐，泡上他爱喝的热饮，轻声开启尘封的记忆之门。我坦诚地表达歉意，为曾经粗心错过他的求助信号致歉。他泪水潸然而下，我递上纸巾，静静陪伴，不打断，不评判，只在他情绪稍缓时，分享我的类似过往，以同理心共鸣，告诉他"情绪无错，受伤不是你的错"，像轻轻挑出创口腐肉，虽痛却能为愈合奠基。我们用了一下午时间，逐件梳理，解开情绪死结，让深埋心底的"刺"慢慢浮出、拔除。

2. 以爱为桥，重铸亲密纽带

创伤清理后，拉近亲子关系是关键的"黏合剂"。以前，我多聚焦成绩、规矩，如今换成以兴趣为"敲门砖"。儿子曾痴迷天文探索，我便搜罗科技馆天文展资讯，陪他穿梭在星际模型、观测模拟星空中，看他眼中微光重燃，我很是欣慰；周末，厨房成了"亲子战场"，我们一起揉面做比萨，即便面粉糊脸也开怀大笑，在烟火日常里，重建亲密默契。

每晚设置"谈心时刻"，不开大灯，只点暖黄色小灯，我们一家三口窝在沙发上，分享趣事和困惑。我和爸爸耐心地听他畅聊游戏的"通关秘籍"、对科幻小说的脑洞式解读，我们也分享工作中的难题和生活中的趣事，以求平等对话，让他感受到被尊重、被珍视。家庭不再是"任务发布地"，而是温暖的港湾。于是，亲子情谊如藤蔓，绕紧生活琐碎之事，编织出新的生活图景，帮助他重寻对生活的热爱，从封闭的内心探出触角去拥抱世界。

3. 稳扎根基，重启学业征途

随着儿子情绪渐渐稳定，笑容也与日俱增，重启学业就被提上日程，然而规则制定需张弛有度。心理老师指导说，结合他的康复节奏和优势学科，可以与他共同商讨。

作业规划按难易分层，先攻克擅长的，积累信心，遇到难题可求助家人、老师，限时钻研，避免陷入焦虑的泥沼。为达到激励的目的，我们设立"进步勋章"制度，周测成绩提升、学习习惯养成皆有奖励，奖品是儿子心仪的书籍、航天飞船模型等，以激发其内驱力。同时，我还定期远程与学校沟通，跟学校申请了半学期的网课，老师依他的状态微调教学节奏，在包容与支持的环境里，他稳步踏上复学路，从畏惧课堂到主动求知，一步一个脚印迈向正轨。

儿子吃了差不多 6 个月的药后，我再次带着他去医院复诊，医生告诉我们，慢慢减药，再吃 3 个月就可以彻底停药了。从儿子确诊到恢复正常，我们经历了整整 11 个月。我们这个家庭也正一步步挣脱枷锁，在帮助儿子找回失落的青春色彩的过程中获得新生。直到这一刻，我才真正相信：阳光总在风雨后，请相信一定会有彩虹。我们对孩子的守护会持续，用爱、耐心与科学的方法，陪他穿越风雨。

目送儿子再次走进国际出发口，那一刻，我泪流满面。祝福我的儿子带着心中的梦想，迎向那朗朗晴天。

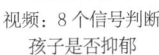

视频：8个信号判断
孩子是否抑郁

慢慢
心语

　　"养育孩子就是一场修行。我们可能不是完美的父母，但我们可以是成长型的父母。"每当回想起这对母子的故事，这句话就愈发在我心中激荡，泛起层层涟漪。

　　身为心理咨询师，我见过太多家庭在育儿路上的迷茫与挣扎，可这一例，却深深触动了我内心最柔软的角落。看着这位母亲最初束手无策、自责的样子，我仿佛看到了无数家长的影子，大家都怀着满腔爱意启程，却在途中被生活的琐碎、现实的压力绊住了脚步，不知不觉偏离了孩子内心的轨道。

　　孩子成长，本应是一场充满欢声笑语的美好旅程，然而，学业的重担、异国的孤独、文化的冲击，却如一场又一场的暴风雨，无情地拍打着孩子脆弱的心灵之舟。当"双相情感障碍"的阴霾骤然笼罩，孩子眼中的光一点点黯淡下去，母亲的心也随之坠入深渊，那种揪心的痛，即使相隔很远都能真切地感受到。

　　但好在母亲没有完全被黑暗吞噬，她选择了勇敢地面对、勇敢地蜕变，开启这场艰难的修行之旅。这不仅是为了孩子，更是为了她自己成长的救赎。每一次与孩子耐心沟通，每一回努力走进孩子的兴趣世界，每一刻专注陪伴孩子重新探索知识的海洋，都饱含着母亲对过去的反思以及对未来的期许。

　　在这个过程中，我看到了成长的力量，它无关乎起点的高低，只关乎那颗永不放弃、努力进取的心。育儿这场修行，修的是父母的耐心、爱心与智慧。它教会我们，在孩子跌倒时，不是急于搀扶，而是给予力量让他们自己站起来；在孩子迷茫时，不是强行拖拽，而是点亮一盏灯，帮他们找到方向。

愿每一位家长都能铭记这句话：在育儿路上，怀揣成长之心，用爱化作羽翼，护佑孩子穿越风雨，向着阳光振翅高飞，去拥抱属于他们的璀璨人生。

05

天哪，女儿从 7 岁 就埋下了抑郁的种子

懂事背后的隐忍与成长压力

时光回溯至女儿 7 岁那年，命运的轨迹在那一刻转折，她的世界自此缺了一角——我和她爸爸分开了。家庭结构的骤变，像一场冷雨浇在这个稚嫩的花蕾上。原本以为我的这段人生经历会带给孩子漫长的适应与疗伤期，可女儿在那时就开启了超乎年龄的"懂事"旅程。

上小学时，她背着书包穿梭在街巷，每日放学归来，小小的身影蹦跳着进门，脸上挂着灿烂的笑容，开心地与我分享学校里的点滴趣事，哪怕只是同桌掉了铅笔、窗外飞过一只奇异的蝴蝶这般小事，她都讲得绘声绘色。功课上，从不用我多操心，台灯下，她坐姿端正，一笔一画认真书写，遇到难题，咬着笔头思索半晌，实在解不出才怯生生地拿来问我，那眼神满是愧疚，好似生怕给忙碌的我添一丝麻烦。逢年过节，亲戚朋友塞来糖果零食，她紧紧攥在手里，跑回家一股脑儿倒在我面前，甜甜地说："妈妈，这些都给你，

我不馋。"那时，我沉醉于她的乖巧懂事，却浑然不觉，这懂事背后，是被遮蔽的孩童该有的任性、纯真与渴望。

步入初中，她的课程表被各科作业、频繁的小测验填满。女儿依旧每日清晨早早起身，简单洗漱后，边啃面包边背单词，迎着晨光踏上求学路。校园里，同学间暗流涌动的小团体、青春期懵懂情愫滋生的小摩擦，她都默默咽下。有一次我无意间瞥见她校服衣角处的墨水渍，询问才知是和同桌打闹时不小心洒上的，她怕我担心，轻描淡写地说"洗干净就好啦"。成绩偶尔出现波动下滑，她就躲在房间里，红着眼眶分析错题，出来仍是扬起笑脸说"保证下次考好"。那故作坚强的模样，像极了身披铠甲、独自战斗的小勇士。我心疼地将她拥入怀中，她回抱我，轻拍安慰我，尽显成熟与淡定。

可是高中成了压垮她心理防线的最后一根稻草。重点高中竞争激烈，排名榜上数字的微小变化都牵系着每一位学子的命运。课堂上，老师语速飞快地讲解难题，她稍一走神，便落下了进度。同学之间的相处也不再单纯，宿舍里作息差异、性格不合引发各种争吵，她努力调和，却被误解为"和事佬"，她只能在被窝里偷偷咽下委屈。

有一天晚上，瞧见她房内灯迟迟未熄，我轻叩房门，端进热牛奶，柔声道："闺女，高中很辛苦，可别熬坏身子，和妈唠唠学校事儿呗。"我拉过她的手，冰凉刺骨，她欲言又止，我只好默默地叮嘱她早些休息，却没料到，彼时疲惫已扎根心底，化作无形枷锁，将她困于暗无天日的情绪深渊。而我错失了那拯救她于水火之中的珍贵契机，在她用懂事筑起的"保护墙"外徘徊，没能第一时间洞悉墙内的呼救。

那个寻常周末午后，女儿在房间午睡，我轻手轻脚推门送水果，想让她醒来便能尝到甜蜜。可眼前的一幕，犹如一道晴天霹雳，瞬间击蒙了我——她的手臂内侧，横七竖八交错着几道触目惊心的伤痕，有的已经结痂，有的还透着粉嫩新肉，在白皙皮肤上显得格外狰狞。

水果盘"哐当"落地，声响惊得她睁开眼睛，慌乱地扯过被子遮掩，眼神满是惊恐与无措。那一刻，我的心像被利刃狠狠绞着，疼得喘不过气，泪水夺眶而出，哽咽着抱住她，追问缘由。她紧咬嘴唇，泪水在眼眶里打转，只是摇头，不肯吐露半个字。

晚上我只得无奈地把她送回学校，叮嘱一句"有事跟妈妈说"后，便匆匆离开了。

寻医求解的慌乱和确定科学方法

我无心工作，满脑子只剩下女儿那满是伤痛与秘密的手臂，以及隐藏在笑容背后、我竟长久未曾察觉的痛苦灵魂。我宛如困兽，焦急奔走在寻医问药、求解"救心"之法的荆棘道路上。起初，我疯狂地在亲朋好友间打听，电话一个接一个地拨出，声音带着颤抖与焦急，不厌其烦地向一些专家复述着女儿的状况，从她幼时家庭变故后的懂事乖巧，讲到如今高中学业重压下的强颜欢笑，不放过任何一个可能透露病情根源的细节。可众人七嘴八舌，建议也五花八门，有的说要多带孩子出去散散心，去远方旅行，换个环境；有的则笃定是青春期叛逆，过段时间自然就好了……这些零散、缺乏专业依据的说法，让我在迷茫中徘徊，内心的焦灼如野火燎原，愈发不可收拾。

紧接着，我把希望寄托于网络这片"信息海洋"，没日没夜地"泡"在各类家长群，眼睛死死盯着屏幕，手指不停地滑动页面，不放过任何一个与青少年抑郁相关的帖子。看到相似案例，就像抓住救命稻草般，赶忙私信那些素未谋面的家长，询问他们寻医问药的经过、治疗效果。然而，回复各异，真假难辨，有的推荐神秘偏方，有的分享遥远异地的小众疗法……我在这海量却繁杂无序的信息旋涡里晕头转向，亦愈发绝望。

后来经过相邻学校一个妈妈的介绍，我去了一位心理咨询老师的咨询室。我把讲了无数遍的内容又向老师重复讲了一遍，老师当场就建议我们先去医院看看。

我带着孤注一掷的决心，在征得女儿同意后，带着她去了三甲医院的心理科。挂号大厅人潮拥挤，我满心焦灼地挤在长龙里，每一分钟的等待都煎熬难耐。医生冷静地开检查单，各项检查纷至沓来——心理测评量表、脑部神经递质检测等。看着女儿被带进检测室，她的眼神怯弱又迷茫，我在门外泪如雨下，恨不能代替她承受一切。检查结果显示为"中度抑郁倾向"，医嘱药物治疗需配合定期心理咨询。一想到药物可能带来的嗜睡、食欲不振等副作用，会影响女儿本就脆弱的身体和学习状态，再想到心理咨询那漫长的周期和不菲的费用，以及不知能否见效的未知性，满心的忧虑如同汹涌的潮水，一波接着一波，将我彻底淹没在这片望不到尽头的苦海里。

"阳光型抑郁症"下家长的破局之道

可即便如此，我也暗暗发誓，无论前面的路多艰难，我都要拼尽全力，拉着女儿走出这片黑暗。带上检查结果，我再一次找到了那位心理咨询师。

老师详细复盘了孩子的成长经历，告诉我：女儿是温暖我的"小太阳"，是懂事、坚强又乐观的女孩，可只有她自己知道，她过得其实很不容易。

老师问我："听说过'阳光型抑郁症'吗？"我迷茫地摇摇头，吃惊地问："不是只有内向的人才会得抑郁症吗？"

"阳光型抑郁症"，顾名思义，就是外表很阳光，其实内心很抑郁。在青少年当中，这类孩子表现出来的通常是学习好、性格阳光、开朗乐观、讨人喜欢、乐于助人，也常常有各种特长，是"别人家的孩子"，经常被当成榜样。可他们的"微笑""阳光"可能是伪装的，时间久了，甚至把自己都给欺骗了。

听了老师的解释，我恍然大悟，女儿的"懂事"把我给骗了，我为之骄傲的那些优点，恰好是她隐藏了自己作为孩子的渴望。

经过三个月的向老师咨询学习，女儿一步步在改变。在此，我将分享四个要点，来帮助更多的家长学会怎么协助孩子度过这段日子：

1. 洞察隐匿情绪，打破"懂事"迷障

患"阳光型抑郁症"的孩子，恰似表面平静、内里却暗潮汹涌的湖面，家长需练就"火眼金睛"去洞察伪装背后的真实情况。在日常相处中，家长不能仅满足于孩子"报喜不报忧"，更要留意细节：笑容是否达眼底、言语有无往日活力、肢体动作是否自然放松。像女儿以前滔滔不绝地分享校园的事，到高中时的只言片语，情绪由热烈转为平淡，这便是危险信号。

女儿喜欢看综艺节目，我就学着电视上的样子，每周六晚上在

家开展"吐槽大会",有时烤肉,有时涮火锅,有时点外卖,目的是营造轻松的氛围,进行无压力的倾诉,鼓励孩子说出委屈、愤怒,我承诺不评判、不指责,只倾听和陪伴。

我开始有意识地在亲子出游、睡前闲聊时,"不经意"地提问女儿"今天最不开心的瞬间""有没有小秘密想分享给我",想以此撬开情绪的"安全阀",让她隐匿的情绪有处可泄。

心理老师说,只要女儿愿意说,就是改变的第一步。我不需要在任何时候都给女儿提意见,不会回答的自己听着就好了。

慢慢地,女儿不再像过去那样只轻描淡写地说一些好事,也会把心中的困惑跟我分享,我们一起吐槽老师、同学,一起评判看到的新闻等,彼此无话不谈。

2. 构建心理"安全网",重塑家庭支持

家庭是孩子心灵的避风港,稳固的安全网应从日常点滴织就。在物质保障上,不求奢华,但求安稳,确保生活无忧,减少经济压力传导。在情感层面,夫妻即便分开,也不能让孩子缺失父爱或母爱,应约定另一方定期陪伴、共同参与孩子成长的节点,特别是生日宴会、家长会、运动会等,双方都要在场。

面对孩子的困境,家长要统一战线,我与她爸爸商定,无论分歧多么大,在女儿心理健康面前"枪口一致对外",用拥抱、鼓励的话语传递"家是后盾"的力量。

当初,我就是因为前夫经常出差有意见,两个人闹矛盾,最后以离婚收场。经过十年的成长,我自己也成熟了一些,试着去理解前夫,并且和他约定,只要他有空就来陪孩子。前夫带着女儿玩各种以前我不敢尝试的过山车、蹦极、滑翔伞等,女儿肉眼可见地开

朗了很多。

我也学会了尊重孩子的独立空间与自我选择，在女儿的兴趣与爱好上不强迫、在社交圈子上不过度干涉，只在一旁默默守护，让孩子在家庭中感受到被爱、被信任、被支持，重拾内心安全感。她一直喜欢簪花，过去我总认为这会耽误学习时间，现在不仅举双手支持，还特地带着女儿去泉州参观。在她的影响下，我居然也爱上了这项古老的艺术。

3. 用知识武装头脑，精准应对危机

过往育儿路，因懵懂无知，我们在不经意间犯下诸多养育过错，那些疏忽与误解，犹如隐匿于暗处的礁石，不时地磕绊着孩子的成长，直至"阳光型抑郁症"狰狞现身，我们才惊觉问题的严重性。

幸运的是，在心理老师的引导下，我踏上了"知识自救"的征程。一本本专业书籍成为我洞悉孩子内心世界的密钥，翻开老师为我总结的各种资料，我探寻青春期孩子敏感、脆弱的心理根源，理解家庭变故、学业重压如何在女儿稚嫩的心灵上刻痕；研读《抑郁症科普手册》，剖析抑郁成因，从遗传因素的潜在影响，到长期负面情绪积压的催化，再到环境应激的推波助澜，皆铭记于心。对抑郁的症状，更是烂熟于心，知晓"阳光型抑郁症"惯会披上"伪装"，以不明头痛、胃痛、失眠等躯体化症状示人。此后，孩子身体稍有不适，我便多了个心眼，仔细甄别，避免误判为普通病症而延误救治。

面对诊断结果，我摒弃抗拒与排斥心理，谨遵医嘱，制订详细的用药日程表，用不同颜色标记服药时间、剂量，并亲眼确认女儿服下，观察有无副作用，一旦出现，即刻记录并反馈给医生；定期

进行心理咨询，我全程参与，与心理老师密切交流，之后总结心得要点，梳理女儿情绪、认知的转变轨迹，为后续咨询精准导航。

我还加入了心理老师组织的家长互助群。线上，每晚在群里"头脑风暴"，分享"实战"窍门，制作"危机应对卡"，将心理救援热线、社区医生电话、派出所地址等关键信息醒目列出，贴于家中显眼处；线下，定期聚会复盘育儿困境，模拟应对突发状况。

若遇孩子自残自伤，先保持冷静，用干净纱布轻压伤口止血，柔声安抚，同时迅速拨打急救电话；拒食，则变换烹饪法，做营养流食，耐心劝喂；有自杀念头，则需专人陪伴，移走危险物品，持续对其进行心理疏导。

凭借科学知识筑牢根基，我从慌乱的新手，逐渐成长为沉稳的"护航者"，陪女儿驶向康复的彼岸。

4. 助力社交修复，拓宽心灵"氧吧"

心理老师讲的一句话让我印象特别深刻，她说："所有的问题都是在关系中产生的，我们也要将问题放到关系中去解决，不要独自去扛。"

社交是孩子的心灵"供氧站"，助力修复的关键在于引导与拓展。在校内，鼓励孩子多参与社团、兴趣小组等活动，在志同道合的伙伴中寻找价值认同感。女儿爱绘画，我便帮她报名了美术社团。若遇到人际摩擦，引导女儿换位思考，主动沟通，化解矛盾，并陪她模拟对话场景，传授沟通技巧。在校外，多组织家庭聚会，鼓励女儿参加社区志愿活动，结识不同年龄的朋友，丰富社交圈。

当孩子因抑郁而不愿去社交时，家长要主动"搭桥牵线"，邀请同学来家里做客。温和破冰，重塑女儿的自信社交状态，借人际温暖驱散女儿的心头阴霾，让孩子在多元社交"氧吧"畅快呼吸，找回阳光的自我。

女儿的这段抑郁历程，是漫长的黑夜，却也成为我反思成长的契机。时光不负有心人，在长达四个月的坚守与努力后，女儿终于迎来停药、逐步康复的曙光。那一刻，看着她眼眸中重新充满自信，笑容不再有阴霾，肆意绽放，我深知，过往的一切煎熬都是值得的。这一历程，不仅赎回了女儿的快乐，更让我领悟到家长这一角色沉甸甸的分量与使命——我们本就是孩子生命中的"守光者"，即便暗夜漫长，只要怀揣炽热爱意，秉持不懈恒心，便能驱散阴霾，牵起孩子的手，引领他们大步迈回洒满阳光的成长之路，用无尽耐心与守护，重塑他们内心那片灿烂、无忧的晴空。

经此一役，我也更加笃定，在孩子成长的这片复杂的"海域"，风浪常起，但爱与责任从不会迷失方向，定能护送他们驶向光明的未来。

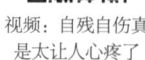

视频：自残自伤真
是太让人心疼了

慢慢
心语

　　"孩子的成长，首先是从父母的瞳孔中确认自己的存在，看到自己的价值。人只有在感觉自己有价值的时候，才能获得勇气。"这句话宛如一把钥匙，解锁了这对母女曲折历程背后的深意。

　　身为心理咨询师，见证她们的故事，我十分感慨。自从女儿7岁时遭遇家庭变故，她的懂事令人心疼；分享日常的灿烂、攻克难题的坚韧、礼让糖果的贴心，却掩盖了其内心对自我价值的迷失。母亲沉浸于乖巧表象，未察觉孩子的天性被压抑，成长之路渐失方向。

　　学业压力加重，人际摩擦频繁，青春期的女儿默默承受一切，以微笑来伪装坚强，孤独与无助在深夜蔓延，直至伤痕暴露，才引起母亲的重视。在寻医途中，慌乱的母亲四处碰壁，最后在专业老师的指引下，开启成长蜕变之旅。

　　母亲开始用心洞察，举办"吐槽大会"，为女儿情绪开闸；构建家庭"安全网"，与前夫携手，给予孩子完整的关爱，让孩子重新感受家的温暖；努力学习知识，应对危机，从新手变身"护航者"，全程参与咨询；助力女儿社交修复，拓展心灵"氧吧"，帮孩子融入集体，寻回自信。

　　这一路，孩子从父母眼中找寻自我，母亲全新的关注与认可，给予女儿打破枷锁的力量，让她绽放光芒。

　　家长们，孩子成长的每一步都需要我们的目光，多些珍视，多些鼓励，让孩子带着价值感与勇气，穿越风雨，奔赴未来，书写属于自己的精彩，照亮人生漫漫征途。

06 抑郁躺平 8 个月后，
　　15 岁的儿子终于重获新生

阳光渐暗：儿子陷入抑郁旋涡

曾经，儿子也是个天真无邪、怀揣梦想的孩子。小时候，他对这个世界充满好奇，总是拉着我们的手问东问西，眼中闪烁着对未来的憧憬。在学习上，他虽不拔尖，但也一直努力，成绩处于中等偏上水平，作业也会按时完成，偶尔还会因为取得一点进步而兴奋地向我们展示他的成果。

那时，他积极参与学校的各项活动。无论是班级的文艺表演，还是校园的科技小制作比赛舞台上，都能看到他活跃的身影。他对周围的一切都充满热情，一颗小小的石子都能成为他探索世界的抓手。在生活中，他比较懂事，会帮忙做一些简单的家务，如帮忙递个东西、收拾自己的小书桌。他热爱运动，课余时间常常和小伙伴们在操场上奔跑嬉戏。那时的他，虽然平凡，却有着自己的快乐和活力。

然而，随着年级的升高，学业压力逐渐增大，儿子的笑容开始变得越来越少。进入初中后，课程增多，学习难度也加大，每天都有大量的作业。有一次考试成绩不理想，他拿着试卷，低着头，声音有些哽咽地对我说："妈，这次没考好，我已经很努力了，可还是有很多题不会。"我看着他，心中有些担忧，但还是安慰道："没事，下次努力就行，把试卷订正一下，检查一下哪里没有掌握，要多找找自己的不足。"

从那以后，我更加关注他的学习，给他买了很多辅导资料，还给他报了课外辅导班。每天晚上，我都会坐在他旁边，看着他做作业，一旦发现他有错题或者做得慢，就忍不住唠叨："你要认真点，这么简单的题都做错，时间也不早了，你还想不想睡觉？"儿子默默地点点头，继续埋头做题，可我能感觉到他的压力越来越大。

他原本喜欢的运动也逐渐放弃，因为他觉得自己没有多余的时间。周末本应休息和放松，可他却被各种作业和辅导班占据。有一次，他的好朋友来找他出去玩，他看着我，眼中带着期待，我却对他说："你作业还没做完，辅导班的作业也还没写，不能出去。"他的眼神瞬间黯淡下去，对朋友说："我不能去了，下次吧。"朋友失望地走了，儿子也默默地回到了书桌前，那背影显得格外孤独和无助。

这样的日子持续了一段时间后，儿子开始变得沉默寡言，对学习也越来越抵触。每天早上叫他起床上学都异常困难，他总是说自己头疼、没精神。有一天，他对我说："妈，我不想上学了，我觉得好累，在学校里一点都不开心。"我当时以为他只是想偷懒，便呵斥道："不上学怎么行？你现在不努力，以后怎么办？别人都在坚持，你怎么就这么脆弱？"儿子听了我的话，泪水在眼眶里打转，却没有说话。

有一天，我在整理他的房间时，偶然发现了一些明星的海报和明信片，以及一本写满了他对某个女生倾慕话语的笔记本。这让我意识到，儿子可能有了追星和早恋的苗头。

当我拿着这些东西质问他时，他的脸上闪过一丝慌张和愤怒，冲我喊道："你为什么要乱翻我的东西？你以后不要再进我的房间！"我当时又气又急，说道："你现在这个年纪应该把心思放在学习上，这些只会影响你的成绩。"儿子听了我的话，倔强地抿紧嘴唇，将头深深低下，不再言语，唯有微微颤抖的肩膀泄露了他内心的委屈与难过。

从那之后，我们之间的关系变得更加紧张。他开始故意避开我，回到家就把自己关在房间里，不愿与我交流。学习成绩也一落千丈，老师多次打电话向我反映他在学校的情况，上课经常走神，作业也完成得马马虎虎。他的情绪变得极其不稳定，有时候会因为一点小事就大发雷霆，有时候又会一个人躲在房间里发半天呆。

迷雾探寻：追溯抑郁的根源

起初，我并未太在意，只当是孩子在成长过程中情绪的正常波动，心想过一段时间孩子就会好起来，我们也会像过去那样迅速地重归于好。但随着时间的推移，他的异常愈发明显。

他开始频繁地生病，不是感冒就是肚子疼，每次生病就有理由不去上学。我注意到他的睡眠质量很差，夜里常常辗转反侧，难以入眠，即使睡着了也很容易惊醒。白天则总是无精打采，对任何事情都提不起兴趣，就连以前喜欢的美食摆在面前也毫无食欲。

老师反映他上课经常走神，注意力不集中，作业完成情况也越来越差，甚至有时候会在课堂上发呆或者打瞌睡；与同学的相处也变得不融洽，常常因为一点小摩擦就和同学发生争执。

我带他去医院做了各种检查，可结果显示他的身体并没有什么大问题，医生建议我带他去看看心理医生。在心理医生的诊室里，儿子显得很紧张，他低着头，双手不停地搓着衣角。心理医生温和地和他交谈，询问他的感受、想法和生活中的一些事情。

经过一系列的评估和测试，医生最终诊断儿子患有中度抑郁症和焦虑症。

听到这个结果，我的心猛地一揪，仿佛被一只无形的拳头重重地捶击着。那一刻，时间仿佛凝固，我呆立在原地，脑海中一片空白，唯有"中度抑郁和焦虑"这几个字如尖锐的刺，一遍又一遍地刺痛着我的神经。

我下意识地在心中呐喊："这怎么可能？我的儿子一直以来都那么乖巧听话，怎么会陷入这样的困境？"我不敢相信地回想起过往的种种，试图在记忆里找到一丝反驳的证据。我想起他曾经在书桌前专注学习的模样，想起他在运动场上挥洒汗水的瞬间，那些画面明明都还历历在目，怎么就变成了如今这样？

然而，现实就如同一堵冰冷坚硬的墙，无情地矗立在我面前。医生严肃的神情和那翔实的诊断报告，都在确凿无疑地宣告着这个残酷的事实。我心中的抗拒如汹涌的潮水，一波又一波地冲击着理智的堤坝。我试图逃避，告诉自己这或许只是一个暂时的低谷，只要稍加调整，一切都会恢复如初。

但每一次的自我安慰都在儿子那日渐消沉的面容和行为面前变得苍白无力。我看着他空洞的眼神和无精打采的身影，内心的防线渐渐崩溃。我知道，我必须接受现实，尽管这接受是如此勉强，如此痛苦。我仿佛能听到心中有什么东西破碎的声音，那是我对自己过往教育方式的盲目自信，以及对儿子未来美好憧憬的破碎。

我缓缓地、沉重地呼出一口气，像是要把心中所有的不甘与困惑都一并吐出。我深知，从这一刻起，我必须要面对这个全新的、令人心碎的挑战，我没有丝毫退缩的余地，我非常迷茫。

我一遍遍回忆孩子的过往，寻找着到底哪里出了问题，可实在找不到原因。我们小时候都没有这么好的条件，父母根本顾不上我，且动不动就责罚，我还活得好好的。现在条件这么好，我们还尽可能地满足他的需求，他怎么就会抑郁呢？

在我百思不得其解时，我结识了一位专门从事青少年心理工作的老师，她向我详细介绍了现在的孩子为什么会这样：

其实近 20 年来，出现问题的孩子越来越多。大约在 2000 年的时候，无论是得抑郁症的还是不上学的孩子都非常少，大家都没有听过"学校恐惧症"这个词。但是现在，已经有越来越多的孩子厌学且不上学。孩子的学习成绩是造成父母焦虑的核心，这种焦虑不再单纯是对孩子未来发展的担忧了，而是社会集体性创伤。大部分"50 后"到"80 后"的父母，还是唯分数论英雄。我们下意识地认为只有考个好大学才能有好工作，但是时代已经完全变了，我们太忽视孩子对情感、兴趣、精神层面的需要了。"00 后""10 后"的这批孩子大部分不愁吃穿，他们会更多考虑自己要成为什么样的人，但是我们又会觉得他们很自私。

听完老师的分析，我想起有一次，他兴高采烈地跟我分享他在学校里画的一幅画，我却只是匆匆看了一眼，然后说："画得不错，但是你要把更多的精力放在学习上，不要总是想着这些没用的东西。"他的笑容瞬间消失了，默默地收起了画。

还有一次，他在学校参加跑步比赛，虽然没有取得很好的名次，但他努力了，当他向我诉说比赛的过程时，我却对他说："你看别人都跑得那么快，你要多向他们学习，不能总是这么慢吞吞的。"

现在想起来，我的这些话就像一把把刀，深深地刺痛了他的心。

重燃希望：助力儿子走出阴霾

在认识到问题的根源后，我决定先改变自己，用爱和耐心帮助儿子走出困境。我开始跟随心理老师学习各种心理学知识，阅读大量的书籍和文章，参加相关讲座和培训，希望能够更好地理解儿子的内心世界，找到帮助他的方法。

在和老师详细分析了孩子的成长经历以及我们的家庭情况后，老师帮我们制订了"蜕变四部曲"。

1. 专业评估与心理剖析：探寻根源，正视困境

当儿子被诊断出患有中度抑郁和焦虑后，我深知不能再盲目行事，第一步便是寻求专业心理老师的帮助。这位老师如同一位经验丰富的侦探，首先运用SCL-90症状自评量表对儿子展开全面评估。儿子坐在安静的房间里，表情略显紧张，手中握着笔，逐一对量表上的问题进行思考和作答。心理老师则在一旁仔细观察，不放过任何一个细节，通过儿子的回答以及他的肢体语言、神情变化等，深入了解他的心理症状和严重程度。

评估结束后，心理老师开始向我揭开儿子内心痛苦的神秘面纱。他耐心地解释道，长期处于学业高压的环境之下，孩子的心理防御机制就像一座不堪重负的堡垒，逐渐失去了平衡。

在家庭中，因为我的过高期望和频繁批评，儿子内心深处对我的信任根基开始动摇。他感觉自己仿佛在黑暗中独自挣扎，得不到真正的理解与支持，就像一叶在狂风暴雨中失去方向的孤舟，只能随波逐流。渐渐地，他不敢也不愿再向我敞开心扉，这便是他"没有根"的危险状态。

同时，他对自己的认知也出现了严重的偏差，每一次努力后的失败都让他产生习得性无助感，错误地认为无论自己如何拼搏都无法改变现状，进而陷入了消极情绪的无尽循环之中。

那一刻，我仿佛看到了儿子在黑暗中孤独徘徊的身影，心中满是懊悔与自责，也更加坚定了帮助他走出困境的决心。

同时，心理老师也给我鼓劲打气，告诉我不论是医生的诊断还是量表结果，都只能作为参考，因为它们会根据孩子的情绪变化而结果不同，家长不必过于担心，抑郁一定是可以治好的。

听了老师的话，我稍微有了些信心，相信只要努力，孩子会回到当初积极阳光的样子。

2. 情绪调节与认知重构并行：重塑思维，稳定内心

（1）情绪调节

心理老师开始教我们运用"情绪 ABC 理论"来管理自己的情绪。

有一次，儿子在模拟考试中成绩不理想，心情极度低落。他垂头丧气地回到家，把自己关在房间里。

我按照心理老师给的方法，轻轻敲开他的房门，坐在他身边。我轻声问道："儿子，是不是因为考试成绩不开心呀？你知道吗，其实考试没考好这件事（A）本身并不一定会让你这么难过，是你对这件事的看法（B）在影响你的情绪（C）。你是不是觉得没考好就代表自己不行呢？"

　　儿子默默地点点头。我接着说："但是你看，一次考试不能说明什么，你也有很多优点，可能只是这次有些知识点没掌握好，我们可以一起查漏补缺呀。"

　　儿子抬起头，有点惊讶于我的改变，眼中有了一丝光亮。在之后的日子里，每当他遇到类似的事情，我都会引导他去分析自己的想法是否合理。慢慢地，他学会了在情绪涌起时停下来思考，情绪也变得更加稳定。我也不再像过去那样，遇到对儿子不满意的地方就乱发脾气。

　　（2）认知重构

　　以前，儿子总是认为"自己必须在学习上取得好成绩才能被认可"，这种想法像一道沉重的枷锁束缚着他。我承认，这也是受我们从小到大的成长经历的影响。

　　在一次家庭会议中，这位心理老师也在场，她引导儿子思考："你想一想，如果一个朋友因为你一次考试没考好就不认可你，那他是真的朋友吗？而且你在弹吉他方面很有天赋，上次学校文艺节还得了二等奖，这难道不是一种被认可吗？"儿子陷入了沉思。我也在旁边说道："儿子，你在我心里一直是很优秀的，不管你成绩如何，你的善良、你的努力我都看在眼里。过去是妈妈要求太高了，一直没看到你进步和优秀的地方，现在妈妈通过学习知道了，要学会欣赏我的孩子。"

　　从那以后，儿子开始尝试改变自己的思维方式，他会在自己成功弹奏一首新曲子或者帮家里修理好一件小物件后，对自己说："我是有价值的，成绩不是唯一的衡量标准。"我们也积极调整与他的互动，当他主动帮忙浇花时，我会说："儿子，你真的长大了，懂得照顾家里的一草一木了！"看到他脸上逐渐绽放出自信的笑容，我知道他心中对家庭信任的种子正在慢慢发芽。

3. 心理韧性提升与家庭互动优化：强化内心，温暖家庭

（1）心理韧性提升

心理老师为儿子制订了逐步恢复的计划，要从最基本的生活作息开始。

刚开始，儿子还有些赖床，我没有像以前一样大声催促，而是温柔地说："儿子，今天我们试着比昨天早起十分钟好不好？"

儿子有些犹豫，但还是努力尝试。当他成功做到后，我给他做了他最爱吃的早餐，作为小小的奖励。

在学习上也是如此，老师先让他每天完成一小部分作业，如只做两道数学题。儿子完成后，我会陪他一起检查，给予他肯定："儿子，这两道题你做得很认真，步骤都很清晰！"

随着时间的推移，任务难度逐渐增加，儿子在这个过程中也遇到了挫折。有一次，他在完成一篇较难的作文时，写了几句就想放弃。我坐在他旁边，和他一起分析题目，给他讲一些写作的思路和技巧，鼓励他说："儿子，你之前写过那么多好文章，这次也一定可以的，我们一步一步来，不会的地方还可以查资料。"在我们的共同努力下，儿子逐渐在完成任务中体验到了专注力和成就感，他的心理韧性也在不断增强。

（2）家庭互动优化

我开始跟着心理老师学习积极倾听的技巧。

有一天晚上，儿子放学回来，一脸沮丧地说："今天在学校参加跑步比赛，我跑得最慢，同学们都嘲笑我。"

我停下手中的活，看着他的眼睛，认真地点点头说："你听起来很失落，对吗？"

儿子继续说道："我觉得自己好没用，什么都做不好。"

我轻轻握住他的手说："孩子，一次跑步比赛输了不代表你没有用呀，你在其他方面有很多闪光点呢！"

同时，我也学会了尊重儿子的兴趣爱好。当他提出想要重新钻研编程这一爱好时，我不再像过去那样粗暴地拒绝，认为一切影响学习的事都不值得浪费时间。我毫不犹豫地为他购置了专业的编程设备，还帮他报名了线上编程课程。爸爸还会在他完成一个小程序或者攻克一道编程难题后，和他一起仔细研究代码逻辑，由衷地赞叹："儿子，你这代码写得太巧妙了，思路如此清晰，你在编程上真的很有天赋！"

每当儿子完成一个精彩的编程项目，我都会精心地给他的成果拍照，仔细挑选角度、调整光线，力求完美地呈现他的心血结晶。我将这些照片发到朋友圈，还配上一段饱含深情的文字："看我家宝贝儿子的杰作！"很多亲朋好友为我点赞，也大大满足了我的虚荣心。

4. 社交支持与网络搭建：融入群体，重拾自信

心理老师和我们强调，良好的人际关系对缓解儿子的抑郁情绪至关重要。

于是，我开始积极地为他搭建社交网络。我听从了心理老师的建议，特意找来他的几个好朋友的家长商议，组织了一场剧本杀活动。我们专门给孩子定了一个场地，选定了一个充满奇幻色彩与解谜挑战的剧本，还买了一些仿制的魔法道具作为礼物。

活动开始时，儿子略显拘谨地坐在角落里，眼神中带着一丝不安。他的朋友们却十分热情，纷纷拉着他挑选角色。"快来呀，这个勇敢的骑士角色特别适合你！"一个小伙伴兴奋地说道。儿子犹豫了一下，还是接过了角色卡。

在游戏过程中，大家围坐在一起，认真分析剧情线索。儿子起初不太敢发言，只是静静地听着朋友们讨论。"我觉得这里有个隐藏的线索，大家看剧情对这个道具的描述。"一个细心的朋友说道。儿子微微抬起头，眼中闪过一丝兴趣。慢慢地，他也开始尝试加入讨论。"这个魔法咒语会不会和下一个场景的入口有关？"他小声地提出自己的想法。朋友们立刻给予回应："哇，你这个想法很有创意啊！"

随着剧情的推进，大家越来越投入，儿子也逐渐放松了下来。他们为解开谜题而欢呼雀跃，为角色的命运或喜或忧。儿子的脸上也绽放出了久违的笑容，那笑容是如此灿烂，仿佛驱散了他心中长久以来的阴霾。

活动结束后，我们又组织孩子们在餐厅里大撮了一顿，点了平时不怎么让他们吃的麻辣川菜，孩子们一边被辣得吐舌头，一边还大喊"过瘾"。

看到这一幕，我心中满是欣慰，深知他在与朋友的互动中，真切地感受到了友情的温暖与支持，那是他重新找回自我、走向新生的重要一步。

这个周末，孩子们过得非常愉快。我们大人也在旁边坚持做

"不扫兴的家长"，自顾自地聊天，绝对不插话或干涉。

看着儿子逐渐恢复自信，在社交中重新找到了自己的位置，我感到无比欣慰。他也在更广阔的人际关系中找到了心灵的依托，内心"根"的滋养源泉也越来越丰富。

经过八个月的努力，儿子终于走出了抑郁的阴影。他开始主动提出要回学校上学，虽然刚开始有些担心自己跟不上学习进度，但他的眼神中充满了坚定和勇气。他说："妈，我想试试。我知道我可能会遇到困难，但我现在不怕了，因为我知道你会支持我。"看着儿子的变化，我感到无比欣慰和自豪。

回到学校后，儿子确实遇到了一些困难，但他没有退缩。他主动向老师和同学请教问题，利用课余时间补习功课。他还参加了学校的一些社团活动，结交了更多的朋友。他告诉我："妈，我现在觉得在学校里也很开心，我不再像以前那样害怕学习和考试了。"

通过这次经历，我深刻地认识到，**孩子就像一棵茁壮成长的小树，需要我们给予他们足够的阳光、雨露和土壤，让他们能够扎根生长。当我们过度地修剪和束缚，让孩子失去对家庭的信任与依赖时，他们就会变得脆弱和无助，"没有根"地在风雨中飘摇。**只有当我们改变教育方式，给予他们理解、支持和爱，让他们重新建立起对家庭和自我的信任，内心有了坚实的"根"，他们才能够学会爱自己，勇敢地面对生活中的挑战，茁壮成长为一棵参天大树。

当孩子出现心理问题时，我们需要运用科学的心理学知识和方法，帮助他们重建健康的心理生态系统，引导他们走向自我成长和自我实现的道路，而这一切的基础，便是让孩子重新找回心中那失落的"根"，在充满爱的家庭土壤中再次生根发芽，绽放光芒。

视频：家长如何识别与
应对青少年抑郁

"接住孩子的情绪，才能捧住彼此的心。家长在孩子的情绪和情感上给予有力的支持，才能驱散他们生活中的大半阴霾。"

陪伴他们走过艰难的路，我目睹了诸多亲子"暗礁"。起初，这位母亲同多数家长一样，满是期许，却让学业压力压垮了孩子，用不当的回应筑起亲子沟通的高墙。孩子青春期追星、早恋，母亲紧张地呵斥，寒了孩子的心，亲子关系愈发冰冷。

转机源自母亲的觉醒，在心理老师的引导下，学着去"看见"孩子，虽然过程很艰难，有懊悔，有挣扎，但她没有放弃。这让我深感，家长成长比孩子成长更关键，家长只有打破固有思维，才能为孩子撑起温暖天空。

在做专业评估时，母亲以其直面孩子伤痛的勇气，开启改变之门；情绪调节与认知重构，母子间真诚对话，尽显沟通润泽心灵之效；心理韧性提升、家庭互动优化，生活点滴的肯定与鼓励，重塑家庭温暖，滋养孩子成长；社交支持与网络搭建，让孩子在朋友间绽放笑容，足见他们急需同龄人的陪伴，感受多彩生活。

这一路，是母子的携手重生。身为心理咨询师，我更加笃定，责任不单单是解决问题，更是点亮家长心中理解与爱的灯。愿家长们在育儿路上警醒，用爱接住孩子的情绪，让家成为避风港，守护孩子的心灵，让孩子勇敢逐梦，无惧风雨。

07
夫妻频繁吵架，
也会让孩子抑郁

在孩子的成长道路上，父母都怀揣着美好的期望，希望他们能健康快乐、顺利无忧地长大成人，拥有光明灿烂的未来。

然而，现实却常常如同一把无情的刻刀，在我们的美好憧憬上刻下深深的伤痕。

我未曾想到，自己的育儿之路竟会如此坎坷，儿子最终陷入抑郁的泥沼，而这一切的根源，竟与我长期忽视他内心安全感的构建密切相关。

往昔之殇：儿子的转变与家庭的迷茫

曾经，儿子也是个活泼开朗的孩子，他的笑声如同春日里清脆的风铃，洒满家中的每个角落。

小时候，他对世界充满好奇，眼睛里闪烁着探索的光芒，那一声声稚嫩的"十万个为什么"仿佛是世间最动听的音符。

在幼儿园里，他积极参与各种活动，与小伙伴们相处得也很融洽，老师也常常夸赞他聪明伶俐、乖巧懂事。

可是，随着儿子进入小学高年级，我察觉到了他的变化。他不再像以前那样无忧无虑了，笑容变得越来越少，眼神中时常流露出一丝焦虑和不安。

原本对学习充满热情的他，开始出现厌学情绪，每天早晨起床都变得异常困难，总是嘟囔着"不想上学"。作业也完成得马马虎虎，成绩逐渐下滑。

起初，我以为这只是孩子成长过程中的一个阶段性现象，或许是他变得贪玩了，或许是学习上遇到了一些小困难，只要我稍加督促和引导就能够解决。

于是，我不断地唠叨他，要求他认真学习，给他制订各种学习计划和目标。然而，我的这些做法并没有起到任何积极的效果，反而让儿子离我越来越远。

他变得更加沉默寡言，回到家后就径直走进自己的房间，关上房门，将自己与外界隔绝开来。我试图与他沟通，可他总是敷衍我几句，或者干脆一言不发。我能感觉到他内心深处隐藏着许多痛苦和烦恼，但他不愿意向我倾诉。

家庭氛围也因此变得紧张、压抑起来。

我和丈夫常常因为儿子的问题而争吵，我们互相指责对方没有教育好孩子，却始终没有找到问题的真正所在。

看着儿子一天天消沉下去，我的心中充满了无奈、焦虑和自责，却又不知所措。

危机之临：抑郁症的阴影笼罩

儿子的状况如同一辆失控的列车，急速地朝着黑暗的深渊滑落，每况愈下的态势令人揪心。

夜晚，本应是身心休憩之时，他却在床榻上辗转反侧，经常直至下半夜才睡着。

如今，面对满桌佳肴，他只是眼神呆滞地随意拨弄几下，便没了兴致，食物也失去了所有吸引力。他的身形也因此愈发消瘦，仿佛一阵微风便能将他吹倒。

曾经那些能让他欢呼雀跃、全情投入的玩具与游戏，如今也被冷落在角落，蒙上了一层厚厚的灰尘。它们仿佛是被小主人遗忘的伙伴，在寂静中默默诉说着往昔的欢乐时光。

他时常独自枯坐在房间一隅，目光空洞地凝视着某处，外界的一切喧嚣都无法将他从那片孤寂的世界中拉回。

他整个人仿佛被一层无法驱散的阴霾笼罩着，对生活的热情之火已彻底熄灭，只剩下无尽的麻木与消沉。

我在焦虑与惶恐的深渊中挣扎许久，最终，那条紧绷的神经在极度的担忧下断裂，我如梦初醒般地意识到了事态的严重性。

于是，我带着儿子匆匆奔向医院。

经过一系列繁琐而细致的检查与评估，医生面色凝重地宣告了那个令我如坠冰窟的结果——我的儿子患上了抑郁症。

那一刻，我的世界仿佛瞬间崩塌，这突如其来的打击如同汹涌的海啸，将我所有的希望与憧憬无情地吞噬。

我深陷懊悔与自责的泥沼中无法自拔，内心不断地质问自己：

为何我如此迟钝，没能早早察觉儿子内心的痛苦？为何我在他最需要关爱的时候，却吝啬地没有给予他足够的温暖与呵护？

在医生的专业指导下，儿子开启了艰难的治疗之旅。

药物治疗本应是缓解症状的希望之光，然而，儿子却对药物治疗怀有强烈的抵触情绪。

每次让他服药，都如同一场战斗。他紧抿双唇，眼神中满是抗拒，将药片含在嘴里，趁我转身离开的间隙，迅速吐出，那决绝的模样让我心痛又无奈。

心理辅导的过程同样荆棘密布，进展缓慢得如同蜗牛爬行。

他像一只受伤后躲进坚硬壳里的蜗牛，将自己的内心世界紧紧封闭，不愿与心理医生分享丝毫想法，无论医生如何耐心引导，他都沉默以对，那扇通往他内心深处的门仿佛被上了一把沉重的锁，难以开启。

我站在一旁，眼睁睁地看着儿子在抑郁症的黑暗深渊中痛苦挣扎，那种无力感如同恶魔的利爪，深深嵌入我的灵魂。

我试图靠近他，想用我的爱与关怀为他编织一张温暖的网，将他从痛苦中拉出来，可他却像一只惊弓之鸟，对我的靠近充满恐惧与排斥。

如今的他，不再信任任何人，哪怕是我——这个本应给予他最无私的爱的人。

自从儿子被确诊为抑郁症，我的生活便被愁云笼罩，每一根发丝都仿佛在诉说着我的忧虑，头发几近全白。

我如同迷失在茫茫大海中的孤舟，只能紧紧抓住医生的建议这根救命稻草，为儿子取药、督促他服药。然而，这一切都收效甚微。

儿子对药物副作用的恐惧，让他想尽办法逃避服药，每次看到他偷偷吐出药片，我的心都如被重锤狠狠敲击一般。

我在绝望中苦苦挣扎，却又无计可施，只能眼睁睁看着儿子在抑郁的黑暗旋涡中越陷越深，内心的煎熬如同烈火焚身，让我几近崩溃。

我无数次在心中呐喊，试图探寻他内心深处抑郁的根源，可那片黑暗仿佛无边无际，令我始终找不到答案。

直到在朋友的热心推荐下，我怀着一丝希望踏入了家庭教育的领域，与专业的心理咨询师进行了一场深入的交流。

心理老师那一番犹如醍醐灌顶的话语，让我如梦初醒，终于明白，儿子如今的抑郁症，犹如一面镜子，映照出我和丈夫在家庭关系中的诸多问题。

我们夫妻之间频繁而激烈的争吵，如同一场场暴风雨，无情地席卷着家庭的每一个角落，而儿子便是这场风暴中最脆弱的受害者。

心理老师引导我换位思考："试着站在孩子的角度去想象一下他的感受。设想你在学校辛苦学习了一整天，身体与心灵都疲惫不堪，又或许在学校遭遇了老师的严厉批评，内心满是委屈与失落，此时，你唯一的渴望便是回到家中，投入父母温暖的怀抱，倾诉心中的苦水，寻求慰藉与支持。**可当你满心期待地推开家门，迎接你的不是温暖的笑脸与关切的问候，而是父母激烈的争吵声，他们沉浸在自己的愤怒与痛苦中，甚至都没有注意到你已经归来。在那一刻，你内心的恐惧定会如潮水般涌起。**

"你目睹着他们彼此愤怒地指责、谩骂，那种激烈的情绪碰撞让你感到无比压抑与不安，你想要做点什么去阻止这一切，却又深感无力，只能在一旁瑟瑟发抖，内心的安全感被一点点无情地撕裂。

夫妻间的争吵，其杀伤力犹如一颗原子弹，不仅会给彼此造成深深的创伤，更会如无形的毒药，侵蚀孩子幼小而脆弱的心灵。"

当我们在激烈的争吵中失去理智，歇斯底里地互相攻击时，孩子内心那座原本坚固的"安全感"城堡便在这一声声怒吼中逐渐崩塌，化为废墟。

一个孩子在童年时期安全感被严重破坏，其影响将如影随形，贯穿其整个成年时期。

他们可能会在社交场合中因缺乏自信而畏缩不前，害怕与人建立亲密关系；又或许会在面对挑战时，因内心的不安而轻易放弃。这些问题的根源都能追溯到他们童年时期在原生家庭中所遭受的安全感缺失。

听完心理老师的话，我仿佛被钉在了原地，陷入了长久的沉默中，思绪如脱缰的野马，开始在记忆的长河中疯狂回溯过往。

的确，我和丈夫在争吵时，从未考虑过孩子的感受，更未曾刻意避开他。

而儿子，由于年纪尚小，性格又较为软弱，常常成为我们不良情绪的宣泄口。

每当我在与丈夫的争执中处于下风，又无法直接发泄愤怒时，便会不自觉地将怒火撒在儿子身上。虽然我从未对他动过手，但那些尖酸刻薄的言语却如锋利的刀刃，一次次无情地刺痛他的心。

如今，我终于明白，儿子患上抑郁症，我和丈夫难辞其咎，是我们亲手将他推进了黑暗的深渊。

可儿子才 12 岁，他的心灵已经遭受了如此重创，我们究竟该如何才能弥补曾经犯下的过错，重新为他构建起那座崩塌的"安全感"城堡，让他重新找回对生活的热爱，像其他孩子一样健康快乐地生活呢？

我在迷茫与悔恨中苦苦思索，试图寻找那一丝可能存在的救赎之光。

觉醒之悟：探寻根源与重建之路

1. 反思：探寻抑郁根源

在陪伴儿子与抑郁症顽强抗争的历程中，我仿佛在黑暗的深渊中摸索许久后，终于迎来了一丝曙光，开始以一种近乎严苛的态度，深刻反思自己曾经走过的育儿之路。

儿子如今深陷抑郁症的泥沼难以自拔，其核心症结在于他内心深处那座本应坚不可摧的"安全感"堡垒已经严重崩塌与缺失。

而这一安全感的巨大缺口的始作俑者，正是我在他成长过程中犯下的一系列错误——长期以来对他情感需求的漠视与忽略，以及那近乎偏执的对成绩和外在表现的盲目追逐与过度强调。

2. 改变：重建内心堡垒

我决心从改变自身做起，彻底摒弃过去那种错误的教育模式与相处方式。

我开始积极主动地与他展开沟通，不再像从前那样只是机械地、例行公事般地询问他的学习情况，而是真正用心去倾听他的喜怒哀乐，去感受他内心深处的每一丝情感波动。

儿子喜欢天文，我一直不太支持。这次我特意买了个高清高倍的天文望远镜，我们一起搬到江滩去看星星。

在他讲述星空的过程中，我会专注地凝视他的眼睛，用眼神传递我的理解与共鸣，让他真切地感受到我对他的关注与在乎，让他知道他的每一句话、每一个感受都对我无比重要。

我也会不遗余力地鼓励他勇敢地表达自己的情感，无论是喜悦的欢笑，还是悲伤的泪水，我都始终陪伴在他身边，给予他最坚实的依靠。

当他在学校取得哪怕只是微小的进步时，我都会毫不吝啬地给予他真诚的肯定与热情的鼓励，让他明白自己是独一无二、极具价值的存在。

我会紧紧地拥抱他，看着他的眼睛，充满自豪地说："儿子，你真棒！这是你努力的结果，妈妈为你感到骄傲。"

而当他遭遇挫折与失败时，我不再是那个只会批评指责的母亲，而是温柔地将他拥入怀中，轻声安慰他："儿子，没关系的，一次的失败并不代表什么，你在妈妈心中永远是最棒的。这只是你人生路上的一个小坎坷，我们一起从中吸取教训，下次一定会做得更好。"

同时，我深知自己在育儿与心理辅导方面存在严重欠缺，犹如在黑暗中摸索的行者，急需一盏明灯的指引。

于是，我积极主动地寻求专业人士的帮助，踏上了学习与成长的征程。我报名参加了心理老师关于"青少年心理健康和家庭教育"的专业培训课程，学习与患抑郁症孩子相处的技巧、如何敏锐地洞察他们的内心需求，以及如何有效地帮助他们重建安全感。

我认真地做着笔记，不放过任何一个细节，每一个知识点都如同珍贵的宝藏被我小心翼翼地收藏。

我还积极地与其他家长深入交流经验，分享彼此的故事与感悟，在交流中不断拓宽自己的视野，丰富自己的育儿智慧。

课下，我与心理老师建立起了紧密的合作关系，犹如并肩作战的战友，为了儿子的康复而共同努力。

我会定期向心理老师详细汇报儿子在家中的表现与情绪变化，他的每一个细微变化都被我仔细记录，不敢有丝毫遗漏。

我虚心倾听专业建议，将每一个建议都铭记于心，并且根据这些建议适时调整自己的教育方式和方法，从日常生活中的点滴小事做起，严格按照制订的康复计划，协助儿子进行心理疏导与治疗。

无论是简单的情绪记录，还是较为复杂的心理放松练习，我都始终陪伴在儿子左右，给予他鼓励与支持。

3. 修复：营造家庭港湾

在这条艰难的育儿之路上，我也逐渐深刻地认识到，家庭氛围犹如阳光、空气和水，是孩子健康成长过程中不可或缺的重要元素，对孩子的心理健康产生至关重要、潜移默化的作用。

于是，我与丈夫坦诚相对，进行了一次深入灵魂的交流与反思。

我们如同在镜子中审视自己一般，清晰地看到了过去频繁的争吵和冲突给儿子带来的那一道道深深的、难以愈合的心灵创伤。

那些激烈的争吵声，如同恶魔般的咆哮，在儿子幼小的心灵中留下了恐惧与不安的阴影；那些愤怒的表情和刻薄的话语，如同冰冷的利箭，无情地射向儿子脆弱的内心防线。

为了儿子，我们下定决心努力改善彼此之间的关系，学会控制自己的情绪，如同修炼内功一般，在情绪即将失控的边缘及时悬崖勒马。

我们以更加平和、包容的心态去面对生活中的分歧与矛盾，不再让争吵成为家庭的主旋律。

我们开始精心策划并共同参与家庭活动，努力为儿子营造一个温馨、和谐、稳定的家庭环境，让家成为他心灵的避风港。

周末的时候，我们会一起陪伴儿子去电影院观看他喜爱的动画电影。在那黑暗而又充满神秘气氛的影厅里，我们一同沉浸在精彩绝伦的影片世界中，感受着影片传递的温暖与力量。

当看到搞笑的情节时，我们会一起捧腹大笑，那笑声在影厅中回荡，驱散了往日的阴霾；当遇到感人的片段时，我们会默默地递上纸巾，紧紧握住彼此的手，让儿子在这份情感的共鸣中感受到家庭的温暖与支持。

阳光明媚的周末午后，我们会与他一起在公园的草坪上尽情玩耍，做各种游戏，让他在这宁静而美好的氛围中，忘却内心的烦恼与痛苦，重新找回对生活的热爱与信心。

经过一段漫长而艰辛的努力，我终于欣喜地看到了儿子身上发生的一些细微却珍贵的变化。他的笑容不再像以前那样稀少，他的眼神中也再次闪烁出了灵动的光彩。他开始主动与我交流，不再是被动地回应我。

他会兴致勃勃地与我分享学校里发生的趣事，如某位同学在课堂上的搞笑回答，或者是课间与朋友们玩的新奇游戏。他会眉飞色舞地讲述着，眼神中充满了活力，而我会专注地倾听，不时地回应他一句，与他一起欢笑。他也会和我谈论他在学习上的困惑与收获，不再像以前那样对学习充满抵触和反感，而是逐渐恢复了对知识的好奇与渴望。他会拿着作业来问我问题，我会耐心地解答，引导他思考。当他恍然大悟时，脸上会露出满足的笑容。

然而我深知，儿子目前还没有从抑郁状态中完全走出来，前方的道路或许依旧布满荆棘与坎坷，但我心中始终怀揣着坚定的信念。

我坚信，只要我持之以恒、坚定不移地努力下去，用我全部的爱与耐心去陪伴他、支持他，他一定能够一步一个脚印地重新找回内心深处那份失落已久的安全感，如同破茧而出的蝴蝶，挣脱抑郁症的束缚，向着充满阳光与希望的美好未来展翅高飞。

慢慢
心语

"教育的效果取决于学校和家庭理念的一致性，如果没有这种一致性，学校的教学、教育就会像纸做的房子一样倒塌。"

身为心理咨询师，一路陪伴走来，起初满是揪心，看着孩子从阳光开朗，到在学业与家庭纷争的双重压力下日渐消沉，直至陷入抑郁的黑暗中，内心希望之光渐灭，母亲迷茫懊悔、无力挣扎，尤其夫妻争吵时孩子瑟瑟发抖的模样，深深刺痛了我。我深知家庭失和会对孩子的心灵造成巨大打击，能瞬间摧毁其安全感。

但困境中也有希望闪现。母亲受心理老师启发后觉醒并自救，我由衷地感到欣慰。她专注倾听孩子的心声、支持孩子的兴趣爱好，让我看到爱重新汇聚；她执着于学习育儿理念与心理知识，宛如在废墟上重建家园，令人钦佩；她主动与丈夫修复关系，努力为孩子营造和谐的家庭氛围，令人欣慰。

这一路，我深切地体会到，作为心理咨询师，不仅要给予家长方法指导，更要唤醒他们心底对孩子的爱与责任。孩子成长如在海上行舟，学校是帆，家庭是船身，船身若因争吵而破损，孩子必定在风雨中飘摇。

愿家长们珍视孩子心灵的渴望，以爱与包容修复家庭裂痕，与学校携手共育，为孩子筑就成长方舟，助其驶向光明的未来。每次见到孩子重绽笑容，我都更坚定这份信念，渴盼将触动传递出去，让爱与成长在每个家庭延续。

08 没想到，第一名的女儿 也会"中度抑郁"

在当今竞争激烈的社会环境中，每个家长都怀揣着"望子成龙，望女成凤"的殷切期望，我亦如此。

曾经，我为女儿精心规划了一条通往卓越的康庄大道，满心笃定她定能顺遂前行、功成名就。从小学到初中，女儿一直是班级第一名、年级前十名，并按照我的规划考入了省级重点高中。

然而，当女儿以傲人成绩考入重点学校后，一系列始料未及的问题却如汹涌波涛般接踵而至，让我痛彻心扉地领悟到：人生是场马拉松，绝非百米冲刺那般短暂而迅猛。

优秀女儿的懈怠

女儿自幼便是众人瞩目的学霸，她天资聪慧、勤奋刻苦，从小学至初中，学业成绩一路遥遥领先。凭借出类拔萃的中考成绩，她毫无悬念地踏入了重点高中的校门。这本该是荣耀加身、值得阖家欢庆的辉煌时刻，可谁能料到，这竟成了我们全家噩梦的前奏。

步入重点高中后，女儿立刻感受到了巨大压力。周围的同窗皆是各个学校的佼佼者，竞争的激烈程度超乎想象。在一次关键考试失利后，女儿的情绪陡然陷入了深渊，仿若置身于黑暗的泥沼中无法自拔。为了寻觅一丝心灵的慰藉，缓解那令人窒息的压力，她开启了手机这扇通往虚拟世界的大门。

过去，女儿在我们严厉的监督下，并没有沉迷其中，平时最多也就玩一个小时就会主动把手机交上来。但是现在她竟然偷偷用压岁钱买了一部新手机，要不是爸爸发现家里是 Wi-Fi 连了一部新设备，我们根本不知道。

当我们察觉这一状况时，怒发冲冠，认为她这是玩物丧志，自毁前程。于是，一场激烈的家庭风暴瞬间席卷而来。

"你现在唯一的使命就是学习，玩手机纯粹是浪费时间，只会让你的成绩一落千丈！"我声色俱厉地呵斥道。

女儿泪流满面，声嘶力竭地反驳："我难道就不能有片刻的喘息时间吗？你们压根儿就不懂我内心的煎熬！"

从那之后，家庭氛围变得十分紧张，令人窒息。我们越是严禁她触碰手机，她的叛逆之心就越发强烈，甚至常常趁我们不备，在半夜偷偷玩手机，熬到半夜两三点都不睡觉。渐渐地，她开始频繁地编造各种借口不去上学，试图逃避令她恐惧的校园。

"我真的不想去学校，只要一想到那堆积如山的作业和无休止的考试，我的胸口就仿佛被巨石死死压住，喘不过气来。"女儿眼神空洞，声音也十分微弱。

目睹女儿的变化，我心急如焚，却又不知所措。在一次激烈争吵过后，女儿的情绪防线彻底崩溃，她用尽全力大喊："我活着好累好累，我真想死了算了，快要撑不下去了。"那一刻，我才如梦初醒，惊觉问题的严重性已超乎想象，于是马上带女儿前往医院进行全面检查。那犹如晴天霹雳的诊断结果——中度抑郁，让我的心瞬间沉入了谷底。无奈之下，女儿不得不面临休学的困境。

"我曾经天真地以为，只要坚定不移地追逐卓越，就能稳稳握住幸福的橄榄枝，却全然忽视了孩子内心深处那脆弱的承受极限。"这一场突如其来的变故，如同一把锐利的匕首，深深刺入我的心房，让我陷入了无尽的自责与深沉的反思旋涡之中。

反思：教育的真谛与失衡

女儿的惨痛遭遇宛如一记重锤，狠狠地砸醒了我。我开始深刻反思自己多年来的教育模式，究竟是在哪个关键环节出了问题？在一味盲目地追逐成绩和那看似耀眼的"优秀"光环时，我是否在不经意间迷失了教育的初心与本真？

回首往昔，我惊觉自己竟一直将女儿的学业成绩视作评判她个人价值的唯一标准。我如同一个冷酷无情的监工，不断地给她施加沉重的压力，满心期盼她能在学业战场上屡战屡胜，却极少停下匆忙的脚步，去用心聆听她内心深处的真实声音，去真切感受她的喜怒哀乐。我曾固执地认为，只要她能成功考入顶尖学府，未来的人生之路必将充满鲜花与掌声，却忽略了人生旅途的曲折蜿蜒、复杂多变。

"教育的本质意味着一棵树摇动另一棵树，一朵云推动另一朵云，一个灵魂唤醒另一个灵魂。"然而，在女儿成长的关键岁月里，我却在教育的迷途上越走越远。我仅仅是机械地向她灌输海量知识，蛮横地提出严苛要求，却从未真正走进她的精神世界，去给予她应有的理解、坚定的支持与温暖的鼓励。

我也逐渐清醒地意识到，面对教育的"内卷"，我们家长仿佛被一种无形的力量裹挟着，陷入了一种群体性的焦虑泥沼。环顾四周，眼见别人家的孩子纷纷投身于各色补习班、兴趣班，为了考取高分和考上名校而埋头苦干，我们内心深处的恐惧与不安便如野草般疯狂滋生。生怕自己的孩子在这场激烈的竞争中落后于人，于是我们盲目地随波逐流，为孩子安排了满满当当的学习任务，将孩子的生活压缩成了一张密密麻麻的学习时间表。这种过度的竞争压力，不仅无情地剥夺了孩子们无忧无虑的童年，更如同一把隐匿的利刃，对他们稚嫩的心理造成了严重创伤。

"我们在教育的道路上一路狂奔，却在不经意间忘却了灵魂的指引，遗失了教育的真谛与生命的本真。"我们和孩子都如同被驱赶的陀螺，拼命地旋转，却不曾停下来冷静地思考一下，我们真正渴望追寻的究竟是什么，是那空洞的分数与名次，还是孩子内心的充实与幸福？

其实我真的也很纠结：一方面望着女儿日渐萎靡的状态，不洗头、不洗澡，不出门，连学都不想上，好不容易劝她去学校，待了半天就回来了，我真的是很担忧很心痛；一方面看着周围家长说"××家的孩子得了高分，获得了什么奖"，我真的希望女儿快点儿好起来，去跨越高考这座大山。没有一个好成绩就考不上好大学，找不到好工作，也遇不到优秀的男生，会影响她未来的一切……

在这种焦虑之下，我觉得自己都快抑郁了，每天睡不着觉，头发大把地掉，上班也没有任何心情。

心理学启示：重塑教育与人生观念

作为一个成年人，我知道这样下去并不会有什么好结果，只会将我们这个家庭拖入深渊。

为了能奋力将女儿从那黑暗的深渊中拉回，我毅然决然地踏上了学习心理学知识的艰辛旅程，我刷遍了讲家庭教育的直播间，找了好几个心理老师咨询，满心期待能在这片神秘而深邃的领域中觅得解开谜题的钥匙。

一开始我报了好几门课程，花了不少钱，可每次学到"无条件接纳孩子"时我就傻眼了，我发现越接纳孩子她就越变本加厉，直到我的情绪也绷不住了，一下又打回原形。

一次偶然的机会，我看到一位心理老师回答一位家长的疑问时说道："**无条件接纳指的是接纳孩子的情绪，接纳自己无法理解孩子离谱行为的心情，但是对孩子不合理的行为可以设置自己的底线，提出看法。**"那一刻，我觉得这才是我想找的引领我的心理老师。

在这段充满挑战与探索的求知过程中，我仿若在黑暗中摸索前进的行者，幸运地收获了诸多弥足珍贵的启示与感悟。此刻，我由衷地希望能将这些宝贵的心得分享给所有的家长朋友，愿大家都能在教育孩子的曲折道路上少一些迷茫与困惑，多一些智慧与从容。

1. 从发展心理学的独特视角审视，青少年时期是个体身心发展历程中极为关键且特殊的阶段。

在这一充满变数与挑战的时期，孩子面临着自我认同、人际关系以及学业这三座大山，他们的内心世界犹如一座神秘而复杂的迷宫，迫切需要家长和社会给予充分的理解、坚定的支持与精准的引导。我们绝不能仅仅将目光狭隘地局限于他们的学习成绩，而应将更多的关注与关怀投向他们的心理健康和人格塑造这两大基石。

心理老师专门给我介绍：依据埃里克森的人格理论，青少年时期的核心任务便是成功地构建自我同一性，即清晰而明确地认知自己究竟是谁，内心深处渴望成为什么样的独特个体。倘若在这一至关重要的时刻，不幸遭受过多外界因素的粗暴干扰和沉重压力的无情侵袭，他们就极易陷入角色混乱的旋涡。

"每一个孩子都是一颗独一无二的种子，蕴藏着无限的潜能与生机，他们各自有专属的生长节奏和独特的绽放方式。"作为家长，我们的使命便是用心去尊重孩子与生俱来的个性差异，以敏锐的洞察力因材施教，为他们精心营造适宜生长的肥沃土壤，慷慨给予他们充足的自由空间与时间，让他们能在这片充满爱与包容的天地里尽情探索自我、勇敢发展自我。

2. 情绪管理在家庭教育中犹如一座明亮的灯塔，指引着孩子的心灵之舟安全航行，十分重要。

青春期的孩子情绪变化无常，我们家长首要的职责并不是批评与指责，而是以宽广的胸怀去接纳和理解他们内心的情感波澜。

当女儿因不堪学业重负而情绪低落、黯然神伤时，我不再像过去那样指责她矫情："就是读个书，能有什么难的？"而是第一时间温柔地将她拥入怀中，轻声细语地说："宝贝，妈妈可能体会不到你现在到底遇到了什么，但是会始终坚定地陪伴在你身旁，如果你想说，就随时告诉妈妈。"

然后我按照心理老师讲的方法，以平和、耐心的态度协助她剖析情绪产生的深层根源，引导她逐步学会以恰当且健康的方式表达内心的情感，并掌握调节情绪的有效策略。

心理老师教我怎么处理我的情绪，我学会后就悉心传授给孩子。诸如深呼吸能在情绪风暴来袭时帮助我们迅速恢复平静；一到周末晚上，我就带着女儿一起冥想，引领她在喧嚣的尘世中觅得内心的宁静；我还时不时地安排骑单车、跳健美操等活力四射的运动，在挥洒汗水的过程中释放压力，重拾积极向上的阳光心态。

心理老师不停地给我做认知转变引导：人生路还长，我们只有内心健康，不怕挫折，才能坚持下去。唯有如此，当孩子们在未来的人生道路上遭遇各种艰难险阻时，方能凭借良好的情绪管理能力，始终保持冷静理智的头脑，不至于被汹涌的情绪洪流吞噬，从而迷失前行的方向。

"情绪宛如奔腾不息的潮水，宜巧妙疏导，万不可盲目堵塞。"唯有当我们以爱为舟，以智慧为桨，帮助孩子成功构建起稳固而强大的情绪管理堤坝，他们才能在人生的浩瀚海洋中乘风破浪，稳步前行。

3. 温馨和谐的家庭氛围与相互信任的亲子关系，是滋养孩子心灵成长的肥沃土壤与温暖阳光，是孩子健康茁壮、快乐成长的根本保障与坚实基石。

家庭是孩子呱呱坠地后接触的第一个微型社会，父母则当之无愧地成为他们人生旅程中的第一任老师。心理老师跟我们说，在一个充满爱与温暖、支持与鼓励的家庭环境中成长的孩子，仿若被"幸运之神"眷顾的宠儿，往往自然而然地具有更高的自尊心和更强的心理韧性。

我们要高度重视与孩子之间坦诚而深入的沟通与交流，全力以赴地构建起一座坚不可摧的亲子关系桥梁。每日哪怕只是从繁忙的生活中挤出短暂的片刻与孩子促膝长谈，其作用也不可小觑，我们可以和孩子聊聊校园里那些充满趣味与欢笑的小事，倾听他们内心深处对兴趣爱好的追求，探寻他们脑海中那些天马行空的奇妙想法以及对未来的美好憧憬与期待。

"陪伴是世间最长情的告白。在孩子成长的漫漫征途中，我们的悉心陪伴如同阳光雨露，温柔而坚定地滋养着他们稚嫩的心灵花园。"

心理老师叮嘱我们："所有的问题在关系中产生，也必须放到关系中解决。"经过这几个月的修复，我深刻意识到，人生之路，恰似一场漫长而充满未知的马拉松赛跑，绝非那转瞬即逝的百米冲刺般简单直接、一目了然。学习成绩与功成名就仅仅是人生这幅画卷中的一抹亮色，绝非其全部的内涵与意义。不是考上好大学就一定能找到好工作，未来就一定幸福。如果因此而牺牲孩子的健康、快乐、兴趣，似乎有些得不偿失。

历经这场刻骨铭心的痛苦磨难，这大半年的时间里，我们和孩子都成熟了不少，她也从抑郁状态走了出来，回到学校，开始了校园生活。**我们不再以"刷题、高分"为唯一目标，我如浴火重生般深刻地领悟到，教育绝非一条一帆风顺的康庄大道，而是一场充满艰辛与挑战、需要我们家长倾尽全力用心去经营、用爱去浇灌的漫长旅程。我们绝不能被那狭隘的功利心盲目驱使，而应毅然回归教育的本真，将目光聚焦于孩子身心健康的全方位呵护与全面发展的深度培育上。**

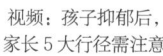

视频：孩子抑郁后，
家长5大行径需注意

　　"教育的真谛在于唤醒，而非强行改造。被唤醒的孩子终有一天会从小树苗长成参天大树。"每当回忆起那对母女，这句话便在我心中回响，诸多感触纷至沓来。

　　初见时，女儿前后的状态对比令人揪心，曾经的学霸少女在重点高中的竞争中一蹶不振，陷入情绪困境。母亲的焦虑、无助，家庭矛盾的激化，父母的误解……似冰冷的枷锁，锁住了孩子的心。听到女儿绝望的呼喊，我的心猛地揪紧，疼惜之感汹涌袭来，似乎要将我淹没。随后，母亲痛定思痛，历数往日种种做法，让我不忍直视，这是一位家长对错误教育方式的沉痛省悟。

　　所幸，母亲毅然踏上改变之路，让我看到了希望的曙光。看着她努力学习心理学知识，重塑教育理念，我由衷地感到欣慰，仿若看到暗夜即将破晓。我深知，她迈出的每一步，都承载着对女儿深沉的爱，更昭示着弥补过错的决心。

　　一路走来，我深切感受到家长成长的磅礴力量。当他们领悟到了教育的真谛，学会用爱与耐心去守护孩子，就宛如点亮一盏心灯，驱散成长的阴霾，引领孩子走向光明。看着女儿逐渐恢复生机，我的内心充满感动，也愈发笃定，教育是一场用爱精心浇灌的修行。唯有用心，才能助力孩子茁壮成长，绽放绚丽光彩。真心期盼更多家长能从这个案例中汲取力量，让爱在家校间畅流不息，护佑孩子奔赴美好未来。

第二篇

别让手机

成为孩子

精神的避风港

09

15 岁的儿子：
　　除了手机什么都不感兴趣

　　我曾怀揣着对儿子未来满满的期许，看着那个踏入初中校园、朝气蓬勃的他，满心以为他的成长之路虽有波折，但总归是向着光明的。

　　然而，命运似乎悄然拐了个弯。初一结束后的暑假，手机游戏如汹涌潮水，将儿子卷入了沉迷的旋涡，险些让他的青春航船偏离正轨。

沉迷：网瘾悄然滋生

　　初一阶段，儿子处于那种成绩虽不耀眼却也稳稳当当的状态，每日按部就班，背着书包穿梭于校园与家庭，上课时认真盯着黑板，努力跟上老师的思路；课间和同学嬉笑打闹，放学后老老实实地坐在书桌前，一笔一画地写作业，有着这个年龄段的少年质朴且规律的日常。那时候，对他而言，手机不过是偶尔用来查阅资料或者和同学简单联系的普通工具。

然而，初一结束后的暑假，生活节奏陡然一变，孩子有着大把闲暇时光，手机游戏便瞅准这个时机，悄无声息地潜入他的世界，一点点施展"魔力"，将他拽入深渊。

起初，游戏带来的变化细微得让人难以察觉，若不留神，根本意识不到危险正在靠近。以前放学回家，儿子都会主动翻开课本，对照作业清单认真书写。不知何时起，他在写作业前总是先拿起手机，美其名曰"放松一小会儿"，坐在椅子上，手指轻轻点触屏幕，玩上几局我看也看不懂的游戏，眼睛盯着画面，嘴角不时上扬，沉浸在游戏的世界里。刚开始，这"一小会儿"还能把控，可渐渐地，时间就像失控的沙漏，越流越快，作业完成速度肉眼可见地变慢，那专注于书本知识的心思，被游戏里的虚拟情节一点点勾走。曾经先翻书本的习惯，现在变成了先捧手机，且一玩起来便沉浸其中，周遭的一切都被他抛于脑后，不管外界发生了什么，都无法干扰他与手机的"亲密互动"。

等到了饭点，我站在餐厅，扯着嗓子呼唤他的名字，一声比一声急切："快来吃饭啦，饭菜都要凉了！"可他呢，就像被钉在沙发上一样，纹丝不动，眼睛死死地盯着手机屏幕，双手不停地操作，嘴里嘟囔着"等这局结束，马上就来"。时间一分一秒地过去，饭菜的热气渐渐消散，原本温馨的用餐氛围被他这无休止的等待消磨殆尽，而他仍然沉浸在对游戏胜利的期待中，对现实世界的一切置若罔闻。

当我终于惊觉事态不妙时，那网瘾已经在他的生活里根深蒂固，难以撼动。写作业的时候，他要起小聪明，把手机小心翼翼地藏在摊开的书本下面，从表面看，他还低着头，一副认真钻研知识的样子，可只要我一转身离开房间，他便迅速低下头，眼睛放光，手指熟练地在手机屏幕上滑动、点击，全身心投入游戏中。作业上的字迹越来越潦草，错误也越来越多，书本上原本整洁的笔记页面，如今却被空白或胡乱涂鸦占据。

夜晚，本应是好好休息的时间，他却躲在被窝里，紧紧拉上被子，营造出一个属于自己的"秘密基地"，手机屏幕在黑暗中散发着幽光。在游戏世界里，他与队友并肩作战，激烈的枪炮声、紧张的背景音乐通过耳机传入耳中，让他愈发亢奋，完全不顾第二天还有学业等待着他。就这样激战至凌晨两三点，眼睛布满血丝，大脑被游戏画面充斥，早已没了精力去思考课本里的知识点。

面对我的质问和斥责，他会立刻摆出一副认错的姿态，低着头，红着脸，愧疚地说道："妈，我错了，我以后再也不这样了，一定好好写作业，按时睡觉。"那诚恳的模样，让我一时心软，选择相信他。可不出几日，游戏的诱惑就像一只无形却有力的大手，再次将他"勾了魂"，他又回到老样子，偷偷摸摸地玩游戏，将之前的保证全部抛到脑后。如此反复，陷入恶性循环，网瘾如同越缠越紧的绳索，把他困在虚拟世界里。

在学校里，他的状态更是糟糕透顶，像霜打的茄子般无精打采。课堂上，那困意一波接一波将他包裹，脑袋不受控制地直奔拉，一开始还强撑着，努力睁开眼睛，可没过一会儿，就彻底抵挡不住困意，酣然入睡。老师在讲台上激情澎湃地讲解知识要点，他却左耳进右耳出，书本上一片空白；作业也是敷衍了事，随便写上几笔，应付交差；考试成绩一落千丈，排名直线下降。

老师的电话打到家里："孩子最近状态太差了，上课打瞌睡，作业完成质量极低，再这样下去，学业可就荒废了，家长得重视啊！"我心急如焚，挂断电话后，冲进他房间，情绪瞬间爆发，对着儿子劈头盖脸一顿臭骂，试图用怒火警醒他，让他意识到问题的严重性。可未曾料到，那次他像是变了一个人，以往的温顺消失不见了，他瞪大双眼，脸涨得通红，朝我怒吼："别管我！"那决绝又暴躁的模样，带着青春期特有的叛逆与倔强，让我一时竟怯了场，原本打算没收手机的举动也戛然而止。此后，他愈发肆无忌惮，光明正大地在我眼前与游戏"缠绵"，不管我好言相劝，还是严肃告诫，都成了耳旁风，被他轻易拂过，而他在网瘾的泥沼里越陷越深。

反思：探寻问题根源

起初，发现儿子深陷游戏泥潭，我满心怨愤，将所有矛头径直指向游戏，在心底无数次咒骂它是可恶的"害人精"，恨它无端闯入孩子的生活。国家为什么不关停游戏？那时的我，固执地认定只要将游戏隔绝于儿子生活之外，就能让一切重回正轨，问题就迎刃而解。

然而，现实并未如我所愿。儿子游戏成瘾的现状，像一块沉甸甸的巨石，压在我心口，让我喘不过气来。痛定思痛，我决心主动探寻问题根源，寻得解决之道。

于是，我认真研读教育心理学相关书籍，在密密麻麻的文字里寻找蛛丝马迹；后来积极向各路专家请教，不放过任何一场线上线下专家讲座、答疑的机会，向专家详细描述儿子的状况，认真聆听专业见解；踊跃报名参加家长课堂，与众多有着相似困扰的家长交流互动、分享心得，汲取他人经验教训。

在这漫长且艰辛的摸索过程中，我仿若在混沌迷雾里跋涉许久后，突然迎来一道强光，瞬间如醍醐灌顶——**游戏不过是个"替罪羊"，隐藏在背后的那座名为"孩子自我价值感缺失"的冰山，才是引发这一切问题的根源。**

回顾儿子日常的学习生活，便能清晰地洞察这一症结。身处当下竞争激烈的教育环境，学业压力仿若一座巍峨大山，沉甸甸地压在儿子稚嫩的肩头。他每日背着沉重的书包往返家校，坐在书桌前，面对堆积如山的作业、晦涩难懂的试题，机械性地埋首苦学，可内心却迷茫无措，完全不知这般辛苦是为了什么，纯粹是为学习而学习，如同上了发条的机器，麻木运转着。

在家里，我过去对他的做法无疑是雪上加霜。我总是紧盯成绩不放，眼睛里只看到分数的高低起伏，将批评与说教时刻挂在嘴边，只要和儿子交流，张口闭口便是"作业写完没""考试考几分"这类冰冷生硬、毫无温情的话语，很少关心他的内心想法和情绪感受，给予他的理解与支持少得可怜，亲子关系愈发疏离紧绷。

在学校里同样是困难重重。课堂上的知识点复杂难记，课后作业又如滔滔江水，将他彻底淹没。他在这艰难处境里苦苦挣扎、蹒跚前行，身体与心灵都已疲惫到了极点。

相比之下，游戏世界里轻松就能收获的"甜"，虚拟战场上取得胜利后的荣耀，排行榜名次上升带来的成就感，还有与队友并肩作战、谈天说地的社交互动，都及时填补了他内心的空虚，让他贪恋不已。

在这样的强烈反差下，原本就所剩无几的学习动力被一点点蚕食，厌学情绪如野草般疯狂生长，最终，逃避现实、躲进游戏成了他下意识的选择，"成瘾"的表象在日复一日中逐渐形成，把他困于虚拟世界中。

救赎：重塑青春轨迹

1.洞悉心理，拓宽现实视野

青春期的儿子，身体在蹿高、心智在成熟，内心是迫切希望能挣脱父母双翼的庇护，以独立之姿直面生活；希望在他人眼中获得认同与赞赏，拥有一片属于自己的天地。然而，现实中的诸多问题却如绳索般将他紧紧捆绑，学业的沉重压力、师长的殷切期许、父母有时多余的关切，化作一副副难以挣脱的枷锁，让他在迷茫中徘徊，长久地压抑着他内心的诉求。

目睹儿子在游戏世界里越陷越深，我决心来一场彻头彻尾的转变，努力成为那个能洞悉他心灵幽微之处的解读者。过去，分数像是一块磁石，牢牢吸住我的目光，亲子间的交流也被其左右，变得单调又冰冷。如今，我毅然决然地放下对成绩的执念，尝试开启多元且充满趣味的话题，如与儿子讨论球赛、音乐、梦想等。

记得那是个慵懒的周末午后，阳光透过窗户，洒在客厅的地板上，我坐到正全神贯注玩游戏的儿子身旁，带着几分好奇与真诚，轻声问他："这游戏到底有啥好玩的呀，看你每次都这么投入。"儿子先是一愣，手中的操作稍停顿了一下，抬眼看向我，眼中闪过一丝惊喜，似乎没料到我会关心游戏本身，而非一味地指责他。紧接着，儿子的话匣子便如同被打开的水笼头，滔滔不绝地和我分享起游戏里各种巧妙的关卡设计、刺激的对战策略，言语间满是兴奋与自豪。

从那之后，我们的交流愈发频繁且深入。聊起热门球赛时，他会眉飞色舞地描述球星们的飒爽英姿、精彩绝伦的进球瞬间，还有模有样地分析各球队战术布局的优劣；谈及音乐，他沉浸于摇滚的激情澎湃、民谣的质朴深情；畅谈梦想，他眼中闪烁光芒，描绘未来想成为设计师，勾勒奇思妙想的蓝图，或是当探险家闯荡未知世界。

往昔亲子间那层沉默坚冰，在一次次推心置腹、真诚热烈的交流中渐渐消融，那些积压在他心头的情绪郁结，也终寻得宣泄出口。游戏于他而言，不再是唯一的寄托。

在生活层面，我更是积极化身为探索引路人，精心策划一次次富有意义的出行，力求为儿子呈上丰富多彩、触动心灵的生活盛宴。在科幻电影上映之际，我早早订好票，与他携手穿梭于那片光影交织的世界。银幕上未来科技的炫酷呈现、外星奇景的震撼展现，让我们沉浸其中并感受科技与想象激烈碰撞出的火花；阳光正好的假期，我们一起奔赴海边，听那浪涛有力地拍击海岸；踏入民俗度假园区，古色古香的建筑、传统手工艺展示、特色民俗表演，我们一起领略千年传承底蕴，感受先辈的智慧结晶，游历周边城市，漫步古老街巷，触摸斑驳的城墙，在博物馆的文物间穿梭，探寻岁月尘封的故事……每一次出行，都是一场心灵滋养之旅，儿子在惊叹世间这般精彩纷呈之余，仿佛被点醒的梦中人，恍然领悟当下在书桌前的努力，恰似手握通往广阔未来的钥匙，学习不再是盲目无方向的苦役，曾经被游戏牢牢吸引的注意力，顺利从虚拟战场移至现实画卷。

2. 多元评价，赋予价值光芒

过去，我和很多家长一样，眼里只有成绩，忽略了孩子成长道路上的其他精彩。我决心作出改变，郑重地给自己装上"放大镜"，捕捉儿子生活中的闪光点。

家务劳作时，他擦拭餐桌、清洗碗筷、整理衣物，我都会及时鼓励他；出门在外，礼貌待人，善意之举赢得他人致谢，这些瞬间我都铭记于心，毫不吝啬赞美言辞，用真诚的话语让他明白，自身价值绝非仅能以分数衡量，家庭永远是温暖港湾，在这里他能寻得满满的归属感，从而昂首挺胸迎接生活挑战，无须再躲进游戏世界那个虚拟的"避风港"。

而赋予他更多的自主权，是助力他成长蜕变的关键。学习之事，我彻底放手让他主导，何时攻克数学难题、怎样分配语文和英语的背诵默写时间，都由他依据自身状态、知识掌握程度去灵活安排。我只在一旁默默观察，适时递上参考资料、分享学习技巧，辅助一二。

特别是在游戏管控上，我更是大胆放权，给予信任，让他自主权衡，安排游戏时长与时段。这般"松绑"之举，恰好揭开游戏那层神秘面纱，他摇身一变成为生活的"掌舵人"，内心的成就感、掌控感汹涌澎湃，学习的内生动力悄然复苏，茁壮成长。游戏也自然而然退居"二线"，不再霸占"主角"之位。

3. 共定规则，驾驭手机之舟

围绕手机，我与儿子寻交集、搭桥梁。基于此，我们开启了规则共创之旅。

第一，细致洞察，我留意他的游戏偏好、社交圈子，知道游戏会满足其社交、成就感需求；第二，进行"头脑风暴"，他提议先享游戏时光、自主管理、灵活定游戏时长，我则抛出先完成作业、增添亲子活动选项；第三，晚饭后进行亲子运动，让他自主定游戏时段、制订作息表等；第四，我们优化所有计划；第五，是践行，我精心筹备每日活动，或揉捏面团做糕点，或挥动画笔绘创意，他依时钟掌控玩手机时长；第六，是优化，持续观察，微调规则。在磨合中，他熬夜、课堂走神等顽疾逐渐消散，成绩止跌回升，还常以自制点心传递情谊，赢得师生夸赞，重归阳光少年行列。

历经这场与游戏沉迷的"鏖战"，我深刻明白，手机游戏并非洪水猛兽，症结在于亲子沟通断层、孩子价值缺位、成长压力过载。家长遇到这些问题，应当沉心静气，深挖根源，及时调整策略，给予孩子更多的关心与理解，方能助孩子破除迷障，平稳渡过青春期的惊涛骇浪。

"教育孩子，并没有什么高明的技巧，不过就是爱与陪伴。"

初见时，孩子在手机游戏中沉迷，母亲的焦虑、无助如阴霾般笼罩，亲子间冲突不断，家中气氛降至冰点。孩子迷茫无助的眼神，母亲声嘶力竭的斥责，像一把把锐利的刀，刺痛着我的心，我既为孩子的迷途揪心，又为母亲的无力哀伤。

可随后母亲探寻根源的坚毅，让我心生敬意。从一味怨愤到主动学习，在书籍、专家、家长课堂间奔波，这份为孩子成长不辞辛劳的执着，如同一束光，穿透黑暗。当她找出"孩子自我价值缺失"症结的那一刻，我感慨万千，深知每个问题孩子背后，都是家庭不经意间留下的累累伤痕。

而在救赎之路上，母亲用爱书写的每一笔都让我动容。她努力洞悉孩子的内心，开启多元话题，当孩子眼中闪过惊喜，滔滔不绝地分享爱好时，我看到了亲子间信任在重建，爱与理解开始流动；她多元评价孩子，捕捉生活中的闪光点，赋予孩子自主权，让孩子重燃自信，让我真切感受到爱的滋养力量无穷。

教育真的无须华丽的技巧，爱与陪伴就是治愈一切的良药。看着孩子重新拥抱阳光，母亲绽放出欣慰的笑容，我更加坚定了这份信念。愿每一位家长都能怀揣这份纯粹的爱，在育儿路上，成为孩子最坚实的依靠，陪他们闯过风雨，迎接成长的每一道曙光，让爱在家校间永恒传递，温暖孩子一生。

10

我把手机砸了，女儿拉黑了我，我才后悔：最愚蠢的教育就是欺负自己的小孩

从初中到高中，女儿将我拉黑了三次，每一次都像利刃扎心，宣告着情感纽带断裂，凸显着我育儿的失败。

回想往昔冲动莽撞时，那些过激的言行，就像荆棘刺痛彼此，也让我明白，在情绪裹挟下"欺凌"孩子，是最不可取的教育方式。

矛盾爆发：手机引发的亲子"战争"

女儿对手机的痴迷，其实早在初中阶段就已埋下隐患。彼时，智能手机初入她的生活，如同打开了潘多拉魔盒，新奇的游戏、趣味短视频迅速吸引了她的目光。一开始，她只是在课余时偶尔摆弄，可渐渐地，便爱不释手，沉浸其中了。

我和孩子爸爸察觉到苗头不对，自然要管，我们苦口婆心地劝诚，言辞犀利地强调要以学业为重，也制订过限时使用手机的规则。但处于青春期的她，叛逆劲儿一上来，哪肯乖乖听话。

有一回，我们督促她放下手机去写作业，她却充耳不闻，依旧紧盯着屏幕，手指不停地点击、滑动，沉浸在游戏的世界里忘乎所以。我气不过，上前一把夺过手机，她先是一愣，随即满脸涨红，大声叫嚷："干吗呀，我正玩着呢，就不能让我玩完吗？"我心急如焚，高声回道："天天玩，作业不写，成绩下滑了怎么办？你还考不考高中了？"她也不甘示弱，顶嘴道："我心里有数，不用你们管！"

激烈争吵之下，我们情绪都失控了，我一怒之下没收了手机，她直接摔门回房，晚上一拿回手机就拉黑了我们。

那时我们真的是害怕她和我们对抗，从而导致她不去考试了。好在后来经过几天耐心地谈心、互相倾诉委屈与想法，关系才慢慢缓和，亲子间的纽带勉强修复。

有惊无险，女儿顺利考上了一所市级重点高中，虽不是省级名校，但至少能有个高中读，我们也算松了一口气。

原本以为这场风波过后，她能长点记性，平衡好手机与学业的关系，可谁能料到，步入高中后，学业压力骤增，课程难度加大，本就紧张的学习节奏让她有些喘不过气。而手机，再度成了她逃避现实压力的"避风港"。

高中开学还不到两个月，情况愈发糟糕。夜晚，本应是挑灯夜战、攻克作业难题的时段，她却紧闭房门，窝在屋里全神贯注地打游戏，游戏音效时不时透过门缝传出来。

我轻敲房门，提醒她："该写作业了，别玩太久。"结果只换来一句敷衍的"知道啦，等会儿"。可这"等会儿"是一等再等，作业毫无进展。

我实在按捺不住，推门而入，只见她紧攥手机，两眼死死盯着屏幕，对我的出现浑然不觉。看到散落一桌未动的作业，我的怒火"腾"的一下冒了起来，冲过去夺下手机，吼道："你看看现在都几点了，作业不做，天天就知道玩游戏，还想不想学好了？"她被这突如其来的举动惊到了，瞪大双眼，脸上闪过惊愕，紧接着涌起愤怒，跳起来就想夺回手机，喊道："高中太累了，我就玩会儿缓解一下压力，你们怎么就不理解呢！"我气血上涌，理智全无，抬手就把手机狠狠砸向墙角，"砰"的一声，屏幕瞬间破碎，零件散落一地，就如同我们之间那脆弱的信任，被击得粉碎。

她眼眶瞬间通红，泪水决堤般涌出，那眼神里满是怨恨与失望，冲我嘶吼："你每次都这样，只会发脾气！"说完就一把将我推出门外，狠狠地摔了门，反锁上了。

我也在气头上，直接骂道："你还真是反了！"然后就愤怒地回了房间。

第二天早上，到了平时上学的时间，女儿还没出来。我敲了敲门，里面毫无回应，我"砰砰砰"拍起了门，也毫无回音。愤怒与焦急在我胸腔中如困兽般横冲直撞，情绪彻底决堤，我在房门外嘶吼起来："你这孩子怎么这么不懂事！上学要迟到了，还在这儿闹情绪，你到底想怎样啊？把自己关在屋里就能解决问题了？"

我边吼边大力捶着门，每一下都震得手臂生疼，可那扇门后依旧是死一般的寂静，仿佛女儿与我隔绝在两个世界，任我如何声嘶力竭，都无法打破这冰冷的壁垒。

时间一分一秒过去，上学已经迟到许久，我满心懊悔，又被新的怒火撩拨得更旺。这时，手机响起，是女儿班主任打来的电话："您好，孩子今天没来上学，也没请假，是有什么事情吗？"我先是为女儿迟到请了假，而后把昨晚和今早的冲突一五一十地告知老师，老师在电话那头轻声叹了口气，说道："平时你们家长要管好孩子的手机，一旦玩上瘾真的是想放都放不下。那等下还是来上学吧，我在学校这边也找机会和她聊聊，了解下她心里的想法。"

挂了电话，我缓缓起身，深吸一口气，努力让自己语调恢复平和，再次凑近房门，轻声说道："闺女，妈妈知道错了，不该冲你发脾气、砸手机，妈妈太着急，没考虑你的感受。老师刚打电话问你没去上学的事，我也和老师说了咱们的矛盾，老师很关心你，说想找你聊聊呢。你要是还气不过，就再静一静，可别耽误了上学呀！妈妈在这儿，等你愿意出来的时候，我们再谈。"

这时房间里传来了歇斯底里的尖叫："**现在道歉有用吗？我没什么好跟你说的，谁叫你告诉老师的，我最讨厌你把我的事告诉别人。我不去上学了，我死了算了！**"

听到女儿说这一番话，又想到最近好些中学生跳楼的新闻，我心里真的是害怕极了，再也不敢多言，连忙停下催促，出门上班，让女儿在家好好休息一下。

开车的路上，我不断回想这样的场景，短短两个月内已上演了两次，亲子关系陷入了前所未有的冰冷僵局，曾经的亲密无间已荡然无存，如今只剩一堵我亲手用冲动和粗暴筑起的无形且坚固的高墙，横在我们中间，把我们隔得越来越远。

反思与努力：修补破碎的亲情纽带

家中氛围压抑沉闷，空气似乎都凝固了，往昔的欢声笑语不复存在。

一开始我还特别生气，怨孩子不懂事、不努力、不上进，可随着她进出时把我当空气，不再喊我妈妈，也不找我要钱了，问她吃什么都不吱声，我食不知味，夜不能寐，脑海中反复回放冲突的画面，心中无比失落。

这时我才真的意识到，我要再吼她、骂她，用过去那强势的方式对她，肯定会逼得孩子离家出走。

我满心懊悔与自责，开始反思自身过错。我查阅了很多书籍资料，也问了不少专业人士，这才意识到，长久以来，我关注的焦点多在成绩上，而忽略了孩子内心的真实需求，一直用成人的严苛标准衡量她，动辄批评指责，让她在压力下不堪重负，才逃往游戏世界寻求慰藉。

可到底要怎么才能修复和女儿的关系，帮她摆脱手机网瘾，恢复学习动力，我真的是一无所知。

此刻我又不敢轻举妄动，我知道可能开口就是错，做什么她都不接受。刚好我想到以前看过一位心理老师的一篇案例分析和我女儿的情况很像，我赶紧联系这位心理老师，寻求专业的帮助。

心理老师听我讲了很多，对我不理解孩子现在的行为作了解答："很理解妈妈现在的心情，都想着孩子好好学习，能有个好未来。但是人天生就喜欢舒服的生活，你跟孩子讲再多的大道理，她根本体会不到未来对她意味着什么。所以，你的苦口婆心在她看来都是无效的唠叨。现在关系已经这样了，我们不知道怎么好起来，那至少先保证不能更糟糕。妈妈可以按照老师说的，先给孩子写一封道歉信，看能不能敲开孩子的心，至少先让她消消气吧。"

听到老师这样说，我虽然觉得有道理，但是心里还是不舒服。"我确实不该骂她、吼她、砸她的手机，难道她都对吗？如果不是她不停地玩、不做作业，我会这么生气吗？我生气也是因为她挑起来的，她要是听话不就没有这么多事了。"

老师笑了笑，安慰我道："**你这就是跟自己的女儿赌气了。她毕竟才十几岁，难道还让她让着你啊？她如果能意识到自己做得不**

对，你们也不会闹这么大矛盾了。你先好好想想，我们每个人要对自己做的那部分负责，一个孩子的成长靠的是家长正确引导，不是情绪上头就指责。那样孩子就会觉得自己的父母都不能依靠，这个世界谁还可以依靠呢？你是成年人，本身就处于权力高位，她至少要觉得关系平等才愿意开口沟通吧？现在都顶着，那怎么解决问题呢？"

我决定迈出和解的第一步，回家后手写了一封满是愧疚与深情的信，从门缝轻轻塞入。

女儿：

你好！你好几天没有理妈妈了，妈妈心里真是很难受。我也好好想了一下，我不该砸你的手机，冲你大吼大叫。妈妈错了，对不起。过去我总以为孩子要严加管教，做事不要拖，说好几遍不听后，妈妈就情绪失控了。这几天我也咨询了心理老师，知道了要和孩子好好沟通，有话好好说，不能做有损孩子自尊心的事情。妈妈答应你，以后绝对不对你大喊大叫，更不会再砸你的手机了。你有空的话，我们一起再去换一台新的。

整整一个下午，如石沉大海，房间内依旧悄无声息，但我没有放弃，晚上准备了她爱吃的点心、水果，放在门口，附上暖心便签，写着温馨的过往，试图用点滴温情融化坚冰。

转机悄然降临，到了晚上，房门微微开启，孩子探出脑袋，眼神仍有戒备，却多了一丝犹豫。我赶忙起身，轻声问询，她说：受学习困扰，游戏里能获得成就感，现实中面对难题常觉挫败无助。我拉她坐下，耐心倾听，不打断，不评判，只是点头、递纸巾，任她倾诉委屈、焦虑，待情绪稍缓，表明自己愿陪她攻克难关，并肩作战。此后，每晚我都与她共处书房，她写作业，我看书，营造安静的陪伴氛围；遇到难题，一同探讨思路，从基础概念开始梳理，助她重拾学习信心。

同时，我也做到了女儿每天放学回来不催促她立马写作业，答应她先玩半个小时手机放松一下，再吃饭学习。

我说到做到，绝无半点唠叨。女儿惊觉我的改变，虽偶有超时，但基本能做到我一喊吃饭，她就放下手机，从不拖拉。

知道她对"二次元"动漫很感兴趣，但是她并不擅长制作服饰和化妆。女儿从小在光影、绘画、构图方面就有天赋，我就鼓励她未来可以成为一个优秀的摄影师，并告诉她："每个人都有自己擅长的领域，没必要一直纠结做得好不好，另辟蹊径说不定会有新收获。"

我毅然摒弃了曾经那种狭隘又刻板的"玩物丧志"观念，如今我明白，兴趣恰似神奇的钥匙，能解锁孩子内心潜在的动力与活力。

女儿听从了我的建议，不再执迷于非要把妆造做好。

于是，我购置了适合拍摄动漫展场景的专业入门级摄影设备，郑重地交到她手上，用鼓励的目光看着她说："大胆去做，去当动漫展里的'光影捕手'，把那些精彩瞬间定格下来。"

此后，每逢周末或是节假日，只要有动漫展举办，我便陪着她穿梭在人潮涌动、色彩斑斓的场馆中。场馆内，各类动漫角色活灵活现，或华丽，或搞怪，或呆萌，她端着相机，身姿矫健，眼神专注，如同一位经验老到的猎手，捕捉着每一个独特光影、每一个生动表情、每一个精彩瞬间，"精心雕琢"着一张张优质的照片。

起初，她还略带羞涩与紧张，担心作品得不到认可，但随着一幅幅照片在社交平台上发布，在"二次元"动漫圈里引发热烈反响，"漫友"们纷纷点赞、评论，夸赞她画面构图精巧、光影运用绝妙，将动漫角色拍"活"了。

那一刻，她的眼睛里重新燃起璀璨的光芒，那是收获成就感与认同感后独有的神采。曾经缺失的自信，正一点点回归。

她兴奋地拉着我，逐张分享照片背后的巧思，从角色选取缘由到等待最佳拍摄时机的心焦，再到捕捉到惊艳瞬间的激动，我认真倾听，毫不吝啬赞美之词，与她一同沉浸在这份喜悦之中。

不仅如此，我还积极搜罗各地知名动漫展的资讯，分享网上摄影"大咖"拍摄动漫主题的佳作，引导她从构图、色彩、叙事等多维度去赏析借鉴，鼓励她把拍摄动漫展时那份极致专注、独特审美融入日常学习的笔记整理、知识归纳之中，让爱好与学业相互滋养。

慢慢地，手机游戏不再是她生活的"主角"，"二次元"摄影带来的多元乐趣与满满成就感充实了她的生活，她也在这份热爱里愈发积极向上、活力满满地大步向前。

后来，女儿利用平时给人拍摄赚得的酬劳、比赛赢得的奖金，攒下几千元，加上我又赞助了她一部分，专门给自己买了部新手机。我对她把大部分的兴趣精力都投入到摄影中非常满意，她也交到了新朋友，不再像过去那样周末关在家里玩游戏。

慢慢地，孩子也能知道，原来周末还有好多其他事情要干，平时就抓紧时间好好学习，把该做的作业做了，不拖到放假，因为还有好多朋友等着她这个"摄影师"。

科学引导：驱散手机"迷雾"，重燃学习热情

在陪伴孩子走出手机网瘾这片"迷障"，重拾学习动力的旅途

中，我深刻认识到，孩子陷入手机的世界难以自拔，并非他们的本意，背后藏着的是那颗渴望被理解、被支持，想要在成长中找寻价值与快乐的心，只不过暂时迷失了方向。

所以，家长需从认知、动机、习惯这些关键因素入手，一块一块拼凑出他们成长本该有的美好模样。我把心理老师在指导我们家庭过程中所做的总结归纳为以下三点，和各位爸爸妈妈共享。

1. 重塑认知——轻拂心尘，唤醒对现实世界的热爱

心理学里的"认知行为理论"，就像一把温柔的小刷子提醒着我们，孩子眼中的世界，是由他们心底的认知描绘出来的。手机里的虚拟世界就像一层厚厚的滤镜，让孩子觉得那里满是欢乐，而现实中的学习呢，仿佛只剩下压力和枯燥，变得黯淡无光。

找个暖阳正好、微风不燥的午后，泡上两杯热茶，和孩子挨着坐下来，拉着孩子的手，用轻柔、真诚的语气开启这场心灵对话："宝贝啊，爸爸妈妈明白，手机里的那些游戏、社交圈子，可太有吸引力啦，你学习累了，想钻进里面放松放松，这真没啥毛病，爸爸妈妈都懂。可你仔细想想，游戏里过关斩将、一路升级，打赢一场又一场的时候，是挺让人热血沸腾的，但等你放下手机，那股兴奋劲儿也'嗖'一下就没了，什么收获也没留下呀。

"再看看学习，它就好比咱一砖一瓦、仔仔细细搭起来的大城堡。你每记住一个单词，就像给城堡添上一块结实的砖头；每弄明白一道难题，那就是架上一根稳稳的房梁。日子长了，这城堡越来越坚固，越来越气派，到时候，它能带着你冲破眼前的小天地，去见识外面超级广阔、超级精彩的大世界，咱可不能光顾着在手机的'小乐园'里玩闹，忘了学习这件支撑你未来的大事儿呀，你说是不是？"

平日里，家长也别放过那些能给孩子"种下小苗"的瞬间，也可以聊聊奥运健儿努力拼搏地比赛、脱口秀选手的努力等，增长孩子的见识。

2. 激发动机——点燃"心火"，唤醒内心沉睡的力量

"自我决定理论"是洞悉孩子内心需求的一把神奇钥匙，它告诉我们，每个孩子心底都盼着能自己做主，渴望把事情做好，以获得成就感，更希望在集体中有满满的归属感，而这些，恰恰是学习动力的源泉。

高中的学业就像一座陡峭又崎岖的山峰，孩子往上攀爬的时候，经常被难题绊倒，信心就像小蜡烛一样，晃啊晃啊，随时可能熄灭，这时候，手机那个"小暖窝"就显得太诱人了。

那咱们就从满足他们的"自主需求"开始，来一场平等又贴心的"学习计划大讨论"。别再强硬地给孩子安排任务，而是把"指挥棒"交到孩子手里，让他们感受到自己能掌控学习的"航向"。

接着，按照"分层目标理论"，把学习任务拆解成一个个小小的"台阶"。就拿背英语单词来说，别让孩子一天盯着 20 个单词愁眉苦脸，改成早上 5 个，伴着晨光和鸟鸣轻松记一记；中午 5 个，利用课间碎片时间巩固一下；晚上 5 个，睡前再回顾回顾。到了验收的时候，要是发现孩子进步了，哪怕只是一点点，都要送上最热烈、最真诚的拥抱和夸赞。

3. 养成习惯——编织新网，引领孩子走向自律

"习惯形成理论"告诉我们，习惯是在日复一日的重复里悄悄

生根发芽的，同样，孩子迷上手机，也是在一次次无意识的点击、观看中形成了难以割舍的"依赖链"。那咱们就得用新的、健康的习惯"链条"，温柔又坚定地替换掉它。

坐下来，和孩子一起制订一份专属的《家庭电子产品使用公约》，用彩笔写下：每天放学后那放松的半小时，可以和手机来一场"小约会"，超时了，就暂时让手机"回小窝"休息。彼此监督，说到做到。

还有一点，就是让孩子的卧室变回纯净的"知识小天地"，把手机"请"出去，让孩子的睡前时光被书籍、幻想填满，而不是屏幕闪烁的蓝光。

与此同时，及时挖掘孩子心底那些藏着的兴趣"小种子"：要是他们钟情于音乐，赶紧送上心仪的乐器，帮他们报兴趣班；要是对绘画着迷，那就把画材堆满房间，常带他们去参观画展……

每晚雷打不动的"亲子无手机时光"，更是这张"新习惯网"的重要"丝线"，大家一起探讨时事新闻，像专家一样各抒己见；一起动手做做饭菜、甜品……用这些实实在在、充满爱的活动，密密织就一张抵御手机"诱惑"的网，稳稳地牵着孩子的手，一步一步回到专注学习、健康成长的"阳光大道"上。在这场与孩子"和解"、助其找回学习动力的旅程中，我深刻体悟到，教育是一场用爱与耐心浇灌的马拉松，并非一蹴而就。父母需放下身段，抛开偏见，以真心换取真心，用科学的方法点亮希望，方能驱散亲子冲突的阴霾，引领孩子重回成长正轨。

未来岁月，我愿以爱为笔，理解作墨，书写和谐亲子篇章，伴孩子稳步前行。

"所谓管教，是先自管，而后管人；家教，是先自教，而后教子；正能，是先正己，而后辐射后代。"

听闻之初，那压抑感便扑面而来，令人心头一沉。母亲的冲动造成了亲子关系危机，孩子绝望地喊出"我死了算了"，似重锤直击我心，疼惜之感顿生。我揪心于孩子的无助，忧虑着家庭关系的飘摇。

好在母亲随后的转变，宛如穿透阴霾的曙光，让这个家庭重新燃起希望。她如梦初醒，果敢踏上自我成长之路，那份决心令人钦佩。见她如饥似渴地学习育儿知识，虔诚求教于专业人士，我不禁感叹母爱的坚强。她颤抖着写出愧疚信，准备了爱心小零食，并附上暖心的便签，小心翼翼地靠近孩子，如同黑暗中寻光的行者，执着而坚定。

转机悄然而至，母女靠近的瞬间，一次次触动着我。女儿倾诉烦恼，母亲专注倾听，眼中满是疼惜与包容。尤其当母亲捕捉到女儿的摄影爱好时，全力支持，陪女儿穿梭于动漫展，看到女儿重燃自信光芒，我为这失而复得的美好、重建的信任桥而欣喜。

一路相伴，我沉浸在她们的情感浪潮里，深切体悟到，母亲的自我成长是亲情救赎的关键。从自我反思、情绪管控到重塑认知，每一步都倾注了对孩子的爱。这让我愈发坚信，家庭教育的真谛在于家长用爱为孩子筑起温暖的港湾。愿家长们在育儿道路上，紧握情感这条线，陪孩子闯过风雨，拥抱彩虹。

11 学霸女儿沉迷于"二次元"，怎样才能让她重新回到正轨

在孩子的成长旅程中，家长犹如掌舵之人，满心期许着孩子平稳地驶向光明的未来。然而，这条漫漫长路总会遭遇诸多始料未及的挑战。我万万没想到，"二次元"竟会如风暴，让女儿的学业之舟偏离了航道。但好在历经波折和探寻，凭借两件关键之事，我终于引领女儿重回正轨，重启希望之旅。

二次元"入侵"，学霸女儿"脱轨"

女儿自幼便在学业上展现出过人的天赋与不懈的努力，堪称同龄人中的佼佼者。自从踏入校园起，她就成绩优异，始终稳居年级前列。

小学阶段，奖状挂满家中墙壁，老师赞誉有加，同学们也十分钦佩，女儿是当之无愧的学霸。

步入初中后，这份优秀的习惯依旧延续。课堂上，她思维敏捷，

踊跃发言，回到家奋力苦读，巩固知识，在学期末斩获年级前二十名的佳绩，未来似乎一片坦途、满是希望。

就在那个初二升初三的暑假补习班上，命运的齿轮悄然转动。女儿的补习班里出现了一位"二次元重度发烧友"的同学，这位同学周身散发着"二次元"的气息，书包、文具皆印满动漫角色。课间时分，他会绘声绘色地分享"二次元"世界的奇幻冒险，从热血激昂的《海贼王》说起，主角路飞为追寻梦想，集结伙伴，乘风破浪，跨越重重艰难险阻，向着"One Piece"进发；到情感细腻的《夏目友人帐》，夏目与各路妖怪邂逅，在归还名字的过程中，收获羁绊与温情……还有很多我说不上名字，也欣赏不了的动漫剧情。

女儿起初只是好奇旁听，不经意间却被那充满想象、饱含热血情谊与别样的"二次元"天地深深吸引，恰似爱丽丝踏入了神秘异世界，就此着迷。

起初，女儿只是在课余时间浏览动漫资讯、欣赏同人画作，我和爱人虽觉稍许不妥，但念及学业繁重，权当是女儿放松调剂，未加严管。岂料，这短暂的"小憩"迅速演变成长时间的沉迷。

往昔饭桌上围绕学习的温馨探讨，被我和爱人苦口婆心的劝诫取代："你再这么痴迷'二次元'，学习可怎么办，中考近在眼前了。""心思快放到学习上，这些动漫能助你升学吗？"

然而，这些换来的只是女儿的沉默以对，或是不耐烦地顶嘴，碗筷一扔，躲进房间，继续沉浸在动漫角色的喜怒哀乐之中，只留下我们面面相觑，满心的无奈与忧虑。

临近开学的一个周末，天气凉快了些，我计划着全家去郊外的湖边漫步，呼吸清新空气，还特意准备了女儿爱吃的三明治，想着趁此机会，缓和一下近期家中因为女儿沉迷"二次元"而略显紧张的气氛。

爸爸轻手轻脚地走到女儿房门前，轻叩了几下，温柔地说道："宝贝，起床啦，今天天气特别好，咱们去湖边转转吧。"里头没有动静，爸爸又喊了一遍，过了好一会儿，才传来女儿慵懒又带着点不耐烦的声音："我不想去，还困着呢，你们去吧。"

我把早餐端上桌，走到房门口，柔声说道："女儿呀，你都在屋里闷了好几天了，出去透透气，这样对身体好，也能放松放松大脑，别老对着电脑啦。"这时门"嘎吱"一声开了条缝，女儿探出半个脑袋，眼神闪躲，手里还紧紧攥着手机，身体有意无意地遮挡着身后的电脑屏幕，语气急促又烦躁地吼道："哎呀，说了不去就不去，我有自己的事儿，别老管我行不行！"

我瞥见她神色慌张，好奇心顿起，伸头想看看电脑上到底是什么，女儿一下急了，用力把房门关上，"砰"的一声巨响，震得我心里一哆嗦。爸爸在旁边忍不住埋怨道："这孩子，怎么越来越不懂事了？好心叫她出去玩，还这个态度。"

我心里本就窝火，想着她这个暑假除了出门补课，其余时间都是整日窝在房间，这下更是被她的举动点燃了怒火，我提高音量喊道："你天天锁在屋里，到底在搞什么名堂？现在连门都不让我们进，是不是又在看些乱七八糟的东西，作业写了没，学习还顾不顾了！"

女儿在屋里沉默着，可那股无声的抗拒仿佛透过门板直透出来。

"你知不知道我们多担心你，你成绩掉得那么厉害，还整天躲着我们，问一下都不行了！"爸爸也气愤地接话道。

房间里依旧静悄悄的，这份沉默像根导火索，把我心里的火燎得更旺，我用力拍着门："你今天必须给我个说法，别以为躲在屋里就没事了，你再这样下去，以后可怎么办！"

突然，女儿猛地打开门，满脸泪痕，歇斯底里地吼道："你们别管行不行，烦不烦啊！"她边吼边把手里的抱枕狠狠砸在地上，头发凌乱，眼睛瞪得通红，身体因愤怒微微颤抖。

我一猜就是昨晚又看电脑太晚了，深更半夜才睡。我和爱人愣住了，看着女儿崩溃的模样，一时竟不知该如何回应。

屋内电脑屏幕还亮着，满是"二次元"的"同人小说"① 页面，女儿见状，慌乱地冲过去想关掉，却不小心碰倒了桌上的水杯，水洒了一桌，浸湿了书本和纸张，她更慌了神，手忙脚乱地收拾，抽泣声愈发大了起来。

刹那间，晨间的美好碎了一地，全家人的好心情如泡沫破裂，只剩满心烦躁与无奈。

此后，家中似被阴霾笼罩，每次我和爱人试图跟女儿聊聊，开口前都忐忑不安，措辞斟酌再三，可稍有不慎，她便冷脸相对，言语如刺，矛盾瞬间爆发，家里气氛十分紧张。

我也愈发焦虑，担心其学业受到影响，接下来的中考该怎么办?

沉迷加深，中考逼近下的焦虑挣扎

时光飞逝，女儿对"二次元"的沉迷不减反增。中考倒计时牌

---

① "同人小说"，也称同人文，网络用语，指利用原有的漫画、动画、小说、影视作品中的人物角色、故事情节或背景设定等元素进行二次创作的小说。

上的数字却无情地飞速递减，只剩半年，形势愈发严峻紧迫，学校老师的反馈如声声警钟，敲得人心惊胆战。课堂上，女儿目光游离，心思全然不在课业上，作业错误百出，课间与同学讨论的话题都是动漫剧情，对老师的提醒告诫置若罔闻。曾经稳居前列的她，名次一落千丈，在年级百名开外徘徊，往昔的荣耀光芒消失殆尽。

看着女儿在错误的方向上渐行渐远，我焦虑万分，夜不能寐，脑海中都是女儿未来黯淡无光的画面，我满心忧愁，白天工作时也心不在焉，失误频出。家庭内部更是矛盾丛生，我和爱人因焦虑相互指责，争吵不断，又将怒火宣泄在女儿身上，亲子关系濒临破裂，一触即发的火药味弥漫家中每个角落。

无奈之下，我四处寻觅解决之道，就像在黑暗中摸索，偶然听闻有专业的青少年心理咨询，我像抓住了救命稻草，怀着忐忑与期许，联系上一位在青少年心理领域深耕、擅长化解兴趣与学业矛盾的资深心理老师，开启了这场关乎女儿未来的"救赎之旅"。

我倾诉时泪如雨下，从女儿最初的转变，到如今的困局、僵局，巨细无遗地说了一遍，心理老师专注地倾听，不时点头、记录。数小时后，心理老师帮我找到了症结，过往的一幕幕在我脑海中不断闪回、拼接，一切仿佛逐渐有了清晰的脉络。

打从幼年起，女儿就如同被精心雕琢的美玉，在学业上展露出聪慧与勤勉，一路收获赞誉无数。课堂上，她永远是那个坐姿笔直、眼神专注的孩子，小手高高举起，对老师抛出的难题应对自如，课后亦会自律地完成作业，成绩优异。在旁人眼里，她就是"别人家的孩子"。

可这份优秀背后，是她压抑着天性中那些活泼热烈的渴望，默默背负着我们沉甸甸的期许，负重前行。

反观我们的日常生活，娱乐方式单调得近乎乏味。闲暇时光，我们不是督促她埋头书本、巩固知识，就是一家三口围坐，讨论的话题永远围绕着学业提升、考试排名等。周末本应是放松身心的好时机，别人家或许是带着欢声笑语奔赴游乐场、电影院，尽享亲子欢乐时光，而我们，最多就是去逛逛超市，到附近的公园转转，坐在一起聊得最多的也还是学习。我和爱人刻板地认为，专注于学业是女儿通往光明未来的唯一通途，却未曾想过，女儿的内心世界，正因这份枯燥悄然变得荒芜。

但我们一直自认为是很开明的，给予了女儿丰富的业余生活。

女儿在我们长期不苟言笑、严肃古板的教养下，虽然被塑造成了举止端庄、行为得体的模样，可她内心深处，实则藏着诸多炽热且烂漫的追求。她或许向往过像动漫里的主角们一样，来一场说走就走、充满未知的冒险，在神秘奇幻的世界里，邂逅志同道合、生死与共的伙伴，凭借勇气与智慧，披荆斩棘，书写属于自己的传奇；又或许憧憬着那些纯粹真挚、不掺杂一丝杂质的情谊，无须考虑成绩、地位，仅仅是因灵魂的契合而彼此相拥、相互扶持。

在学校里，学业压力将她紧紧困住，作业堆积如山，频繁的考试如同紧箍咒，每次公布排名都是一次心灵的"地震"，在这样高强度且压抑的环境下，她青春敏感、渴望释放的心愈发躁动不安，急需一个出口，一处能让她尽情喘息、肆意畅想的港湾。"二次元"世界就这样闯进了她的视野，宛如久旱后的甘霖，精准且畅快地滋润了她那几近干涸、渴望滋养的心田。

而在家中，我们作为父母，长期以来僵化生硬的沟通方式，像一道道冰冷的壁垒，阻断了情感的自然流动。我们很少关心她除学习外的喜怒哀乐，也不曾耐心倾听她心底那些天马行空的幻想，导致她只能在"二次元"世界里寻觅那份在现实家庭中缺失已久的理

解、认同与情感慰藉。

心理老师的这番剖析，如利剑般穿透了长久以来蒙蔽我双眼的层层迷雾，让我如梦初醒。原来，"二次元"不过是冰山一角，是表象的呈现，其背后隐藏着的是女儿多年来被我们无情忽视的内心深处汹涌澎湃的情感诉求，是家庭情感纽带破裂后的无奈与自救之举。

那一刻，懊悔与自责如潮水般将我彻底吞没，可我也深知，此刻能觉醒，便是扭转局面、重建亲情桥梁的起点。

巧用方法，助力女儿"归航"

1. 搭建情感虹桥，以共情破冰融坚

洞悉根源后，在心理老师的悉心指引下，我踏上了"情感重建"之路。

首要便是放下家长的权威，全身心投入共情理解之中。我摒弃了以前的唠叨说教，轻叩女儿房门，带着真诚笑意询问能否和她聊聊动漫趣事。起初，女儿满是警惕与抵触，言语寥寥，随着我专注倾听、适时惊叹和共鸣，她开始放下戒备，分享的内容也逐渐增多。

一次，她兴致勃勃地讲述《鬼灭之刃》中，炭治郎为救妹妹，历经磨难，浴血奋战，即便面对强大的恶鬼，也绝不放弃，凭借坚韧意志与善良之心，一路成长蜕变。

我感慨地回应道："炭治郎这份勇气和对家人的守护，像极了

你小时候学舞蹈时，即使受伤，也咬牙坚持，就盼着能登台表演，给家人惊喜，有着一股不服输、珍视亲人的劲儿呢。"女儿听后，眼中闪过惊喜与感动。此后，母女交流渐畅，氛围回暖，亲子情谊在"二次元"话题的纽带下慢慢修复。

我还主动带她参与动漫展，穿梭于琳琅满目的摊位，欣赏精美模型、创意画作，融入那充满热情与幻想的"二次元"社群，感受她的热爱之源；每逢动漫电影上映，我们一同观影，在跌宕剧情中共欢笑、同落泪，分享感悟。

这般沉浸式的陪伴，让女儿真切感受到了我的理解与支持，她的心门向我彻底敞开，不再将我拒之门外，家庭重归温馨和谐，情感桥梁愈发稳固坚实。

2. 融合兴趣激励，助推学业"逆风翻盘"

在亲子关系回暖的基础上，心理老师提议要巧妙地融合"二次元"与学业，以激发女儿的内在动力。经与女儿商议，我们精心制订了"二次元学习激励计划"：若一周内，每日按时完成作业、课堂认真听讲，周末便能解锁专属"二次元福利"，或是购置限量版动漫周边产品，或是参与热门动漫主题活动。同时，利用她对绘画的热爱（深受"二次元"画风熏陶），鼓励女儿结合课本知识创作漫画笔记，如将语文诗词意境绘成古风画卷，将地理地貌特征画成奇幻地图，让知识在笔下鲜活呈现，让学习不再枯燥乏味。

为补齐薄弱学科，我多方寻觅擅长相应科目且深谙"二次元"的大学生，组成线上辅导小组，以动漫角色的口吻出题讲解："为帮小樱解开这道数学魔法题，快来施展你的智慧吧！"以此来激发女儿学习的积极性。她开始主动早起背单词，晚饭后刷题，成绩稳步回升。

　　女儿曾经因焦虑迷茫黯淡的眼眸，重燃自信的光芒，课堂上再度踊跃发言，作业认真细致，一步步稳步前进，终于在临近中考的最后一次大型摸底考试中，又重回年级前 20 名的行列。

　　最终，女儿在中考考场交出了满意的答卷，顺利迈入高中，自此踏上了充满无限可能的新征程。而曾经被视作洪水猛兽的"二次元"，此刻也奇妙地完成了角色转变，它不再是阻碍女儿学业进步的"拦路虎"，反而在潜移默化中，成了滋养她心灵、助力她成长的一股特殊力量。

　　那些从"二次元"世界中汲取的勇气、坚持与对美好情感的向往，如同点点繁星，在她备战中考的漫漫长夜里闪烁，为她照亮前行的道路，给予她源源不断的动力与灵感，让她在攀登学习之路的过程中更有冲劲与热情，真正实现了从"学业绊脚石"到"成长助推器"的华丽转身，成了她成长画卷中一抹独特而绚丽的色彩。

　　回顾这段波折历程，我深感孩子成长之路就像复杂的迷宫，在寻找突破口的过程中容易被意外"诱惑"引偏，但只要家长怀揣耐心，巧用科学方法，便能引领他们穿越迷雾，重回正轨。育儿就像一场修行，需要家长不断洞察孩子内心，调整步伐，以爱为光，照亮前行的方向，为他们驶向梦想的彼岸护航。

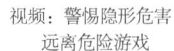
视频：警惕隐形危害，
远离危险游戏

教育不仅是知识的传承，更是品德的熏陶。教育的最高境界，是教人求真、求善、求美。

从母亲的讲述里，我仿佛看到那个昔日学业出色的女孩，被成绩下滑、亲子冲突拖入寒冬。虽未亲见，我却感同身受，揪心不已。

母亲焦急求助，经过剖析根源，我深知是家长对成绩的过度执着，使得孩子内心对自由、情感的渴望被长久忽视，"二次元"才有机可乘。

母亲后来的转变令人钦佩。她放下权威，真诚地与女儿聊动漫，给予孩子吐露真心的机会，这"求真"之举，充满教育智慧。

听闻她陪女儿逛动漫展、看电影，我虽未亲身参与，可也能想象得到其中的温馨。她用包容化解矛盾，引导女儿"求善"，让女儿明白爱好与学业能相融。这份品德的传递，无声地滋润着孩子的心田。

母亲巧用方法激发女儿学习动力，助力其重拾自信，使女儿在成长中领悟"求美"的真谛。她以爱与品德为孩子驱散阴霾，这就是亲子融洽的力量。我愿将这份触动分享在此，盼望家长育儿时能常自省，用爱与品德引领孩子奔赴至真、至善、至美的未来。

12

女儿升高中后突然厌学，我才醒悟：千万别忽略生活中的"小事"

从孩子踏入校园的第一天起，我便紧盯她的成绩，满心笃定只要成绩优异，女儿的未来便是一片坦途。

那几年，日子像是上了发条的老式钟表，围绕着女儿的学业滴滴答答地转动，却不知在这忙碌中，一些至关重要的"小事"正从指缝间溜走。

磕磕碰碰考入普通高中，却对学习心生倦怠

女儿的求学之路，就是一场布满荆棘的艰难征途，从最初启程的那一刻起，就注定充满坎坷与波折。

还记得女儿刚踏入小学的校门时，我对她的未来充满期许，脑海中时常浮现出她手捧奖状、名列前茅的画面，笃定地认为自家孩子一定有着超乎常人的天赋与潜力，会在学习的赛道上一路飞驰，轻松跑赢大多数同龄人。那时的我，逢人便忍不住夸赞孩子聪慧机

灵，仿佛已经看到她头顶学霸光环，闪闪发光。

可现实如同一盆冷水，无情地击碎了我心头炽热的幻想。在小学阶段，女儿的学习基础打得远不如预期牢固，课堂上知识点稍一复杂，她便面露迷茫之色；课后作业完成起来也是磕磕绊绊，错题层出不穷。每次考试成绩公布的时候，于我而言都像是一场揪心的审判。

那不尽如人意的分数如同一记重锤，狠狠砸在我的胸口。转头看向孩子，她低垂着头，眼神里满是失落，那黯淡的眸光，就像尖锐的针，直扎在我心上，刺痛感蔓延至全身。

我心急如焚，一心只想迅速补齐这些短板。没多做思量，我便一股脑儿地给女儿报了各种辅导班。孩子的课余时间瞬间被密密麻麻的课程填满。小小的孩子，背着沉甸甸的书包，穿梭在城市的大街小巷，奔赴一场又一场的知识"特训营"。

时光匆匆，孩子转瞬便步入初中。本以为随着孩子的成长，学习状态也能渐入佳境，却未料到学业压力陡然呈几何级数增长。新增的物理、化学、历史等科目，如汹涌潮水般一股脑儿袭来，打得孩子措手不及、手忙脚乱。我最担心的事还是发生了，孩子偏科问题严重，数理化仿佛是横亘在她面前难以翻越的大山，每次测验过后，那试卷上鲜红刺目的分数，就像一道道狰狞的伤疤，无情地撕扯着孩子脆弱的自信心。

无数个深夜，家中那盏台灯亮着，将女儿疲惫的身影拉得长长的。她埋首于堆积如山的作业里，机械地书写着，草稿纸被揉皱、丢弃，散落一地。

我悄悄推开房门，见孩子紧咬下唇，泪水在眼眶里打转，双手握拳，嘴里嘟囔着："太难了，我学不会。"那颤抖的声音带着哭腔，又透着不甘，瞬间揪紧了我的心。

我内心十分矛盾，好似被一股无形的力量拉扯于两极。**一边是望子成龙、望女成凤的执念仍在心底燃烧，看着孩子成绩下滑，心急如焚；另一边，每次瞧见孩子那疲惫不堪、近乎崩溃的模样，眼眶下乌青的黑眼圈，以及愈发沉默寡言的神情，又十分心疼。**

我忍不住暗自思忖：是不是自己逼得她太紧了？孩子稚嫩的双肩，究竟还能扛住多少这样沉重的压力？可放手任其自我成长，又实在不甘心。就这么在矛盾与煎熬中，我陪着孩子一天天挣扎前行。

千辛万苦，女儿总算压线考入高中。那一瞬间，长久积郁在心头的巨石轰然落地，我由衷地认为，这所学校虽然比不上省级名校，但毕竟没有被分流到中职类学校，只要孩子稳住心神、继续努力，未来还是有机会的。

谁能想到，我满心期许迎来的高中生活，竟成了美梦破碎的开端。开学的钟声仿若还在屋内悠悠回荡，女儿身上昔日那股"我要努力考上高中"的劲头，竟然瞬间消失得干干净净。

"厌学"这两个字，突然出现在女儿身上。

曾被女儿郑重其事地摆在书桌正中央、视作求学"法宝"的课本，如今横七竖八地散落在房间各处，有的书页褶皱，有的边角卷曲。过去女儿爱惜书本的画面还历历在目，如今这般凌乱模样，格外刺目。

作业更是成了女儿手中敷衍了事的"苦差"。作业本上，字迹潦草，答题区的空白却越来越多；做错的题目，不过是拿笔胡乱画两下，毫无改正的诚意。那股破罐子破摔的劲儿，明眼人一看便知。

那天，我早上 6 点起来做好早饭，喊她起床，声音由低渐高，透着焦急，然而房间里毫无回应。许久，被窝里才传出女儿沉闷又厌烦的嘟囔："上学能有啥意思？一天天净是做题、考试，没完没了，真受不了了！"话语里满是抵触，一字一句都透着对上学的抗拒。

目睹这般场景，我心急如焚，胸口像被烈火灼烧。瞅准女儿在家的间隙，我拉着她坐在床边，想和她好好聊聊，探寻这背后的隐情。可女儿像是给自己筑起了一道坚不可摧的堡垒，要么双唇紧闭，牙关咬得死死的，无论我轻言细语说什么，她都只是低垂着头，一声不吭，把满心的委屈、不甘、迷茫一股脑儿藏在心底；要么情绪瞬间失控，将憋闷许久的情绪倾泻而出，嘶吼起来：**"我每天累得不行，学这些到底有啥用？我真不想学了，你们别逼我！干脆养我两年，等18岁我自己出去打工，上学这条路我是走不下去了！"** 字字句句，如锋利刀刃，直直戳进我心里，疼得我半晌说不出话来。

我呆立在原地，疑惑与怒火在我心中交织、翻涌。付出了这么多心血才考上的高中，怎能说放弃就放弃？

等心绪稍稍平复，我仔细琢磨，女儿如今这般抵触，也并非毫无缘由。虽说如愿上了高中，可跟省级重点高中相比，学校师资力量、硬件设备明显差了一大截儿，女儿心里难免生出落差；压力日积月累，却无从宣泄、无人理解，被压得透不过气来，也难怪会对学习心生绝望。

但我深知，此时放弃绝非明智之举，只要她重拾信心、咬紧牙关，再努力拼搏三年，未必不能考上一所理想的大学。

怀揣着这般信念，我暗自下定决心，无论前路如何荆棘丛生，都一定要帮孩子重新燃起对学习的热情。

"撞了南墙才回头"，探寻厌学根源

我下意识的反应是加大督促力度，每天守在书桌旁，像个监工似的紧盯她的学习进度；没收手机，掐断网络，杜绝一切"干扰源"；制订严格的学习计划，甚至精确到每分钟该做什么。

结果适得其反，亲子关系愈发紧张，家里每天都弥漫着浓浓的"火药味"。女儿要么摔门而出，要么把自己关在房间里，任我怎么敲门都不开，偶尔开门丢出一句"别管我"，冷漠又决绝。

无奈之下，我向老师求助。班主任满脸忧虑，告知我孩子在学校的诸多异样：课堂上目光呆滞，被提问时茫然不知所措；课间独自缩在角落，同学邀她玩耍，她也只是摇头；从不参与小组讨论，仿佛游离于集体之外。老师还透露，女儿某次在周记里写满了对学习的绝望、对未来的迷茫，字里行间透着压抑与无助。

四处打听后，我带女儿去看了心理咨询师。起初，女儿双臂交叉、满脸抗拒，坐在沙发上一言不发，像只竖起尖刺时刻防备的刺猬。好在经过不懈努力，在咨询师轻声细语的引导下，她才慢慢敞开心扉。

原来，长久高强度的学习，女儿早已身心俱疲。那些年我只盯着成绩，却没关注她内心积压的焦虑、恐惧；新环境里，同学竞争激烈，她跟不上节奏，成绩垫底让她的自尊心"碎了一地"；住校后，生活琐事也成了难题，衣服洗不干净，室友作息不一致，种种烦恼无处倾诉，只能憋在心里，久而久之，她心生一股强烈的挫败感，对学习、生活都没了热情。

在回家的路上，我望着车外繁华的街景，却满心苦涩。这些年，我一心想为孩子铺就成功路，却忽略了她最真实的感受。那些被我视为"小事"的生活点滴、情感需求，恰是她成长过程中不可或缺的养分，缺了它们，女儿的心如同干涸的土地，哪还有动力孕育求知的花骨朵？

重拾生活小事，唤醒学习动力

我听从了心理咨询师的建议，反其道而行之，停掉所有有关学习的补课，从生活细微处入手，帮女儿找回自我。心理学上讲，安全感、归属感与成就感是孩子成长的"基石"，此前女儿缺失的，我要一点点补回来。

1. 重塑生活空间

家，向来是温暖的港湾，对孩子而言，更是承载着她童年的无忧与成长的期许，理当充满安心与喜乐，可这段日子，家中往昔的温馨甜蜜不复存在了。身为母亲，目睹女儿日渐消沉，心头仿若压着千斤巨石。

我按老师说的，从她最为熟悉、最为私密的房间开启这场"治愈蜕变"之旅。

一个暖融融的周末，我轻步走到窝在沙发里、满脸落寞的女儿身边，轻声说道："宝贝儿，我们出去逛逛，买点家居用品。咱今儿给屋子来个'断舍离'，打造一个专属你的小天地，好不好？"女儿先是一愣，眼中划过一丝讶异，随即黯淡的眼眸泛起光亮，她满是跃跃欲试的神情。

我们走进一家家居店。女儿过去一直喜欢这些家具用品，此刻瞬间化身欢快的雏鸟，在货架间穿梭，小手轻抚布料，满脸沉醉。不多时，她敲定了床单与窗帘，还买了不少收纳盒。付完钱我们赶紧回家开始大扫除。

一进家门，这场意义非凡的"断舍离"大战正式打响。我们商量好，我负责打扫卫生，她负责收拾所有的杂物，把那些不要的杂物全部丢进门口的大垃圾袋里。

望着屋内堆积的杂物、散落各处的书本、衣物，我深吸一口气，率先拿起一个落满灰尘的旧纸箱，转头看向女儿，笑盈盈地投去一个鼓励的眼神。

女儿心领神会，撸起袖子，干劲十足地加入"战场"。那些横七竖八的玩偶，有的缺胳膊少腿，有的毛色暗淡，承载过短暂欢乐却早已沦为"积灰大户"。女儿小手轻抚，稍作犹豫后，毅然将它们归置一旁，眼中透着释然："再见啦，旧时光的小伙伴，谢谢你们曾经陪伴过我。"书本杂乱堆叠，笔记潦草、早已过时的教辅资料被逐一挑出，女儿嘟囔道："这些资料曾经压得我喘不过气，这下真该说拜拜喽。"

整理旧物箱，仿若翻开尘封的岁月相册。翻出歪歪扭扭画着一家人和大房子的水彩画，笔触虽稚嫩，却满是幼年对家的依赖；彩纸、黏土拼凑的手工小摆件，形态憨厚可掬，见证了女儿往昔的手工时光。我眼眶泛红，仔细擦拭后郑重地摆上桌，贴上便利签，写下往昔趣事："宝贝儿四岁时画的这幢房子，扬言让全家住，想法天马行空，超级暖心！"

历经数小时奋战，房间终焕然一新。桌椅书架规整有序，床铺松软整洁，温馨的气息扑面而来。女儿站在门口，眼中满是震撼与惊喜。

那一刻，我鼻尖发酸，满心感慨。这场"断舍离"，舍去的是冗余物和往昔的阴霾，收获的是女儿重燃的希望、舒展的笑颜。

房间整洁如新，往后的日子，愿这一方小天地能持续滋养她，伴她逐梦，奔赴灿烂前程。

2. 蹬动自行车轮

孩子的青春时光不该被单调的书本与试卷填满，还要有乘风飞驰、肆意挥洒汗水的畅快瞬间，以及相伴左右、真挚热忱的好友同行。

心理老师带着我回忆孩子最喜欢什么运动。偶然间，我想起孩子初中时放学路上，瞧见骑车回家的同学，眼中不自觉闪过一丝歆羡与向往。这细微的神情当时被我敏锐地捕捉到了，但是我觉得女孩子要以安全为主，我们还是车接车送上下学。

我决定要以自行车为钥匙，引领她重回活力四射的青春世界。

我给她买了一辆山地自行车。当这辆自行车呈现在孩子眼前时，她整个人都懵了，手足无措地待在原地，眼中满是惊喜，双手不自觉地背到身后，想触碰又有些难为情，嘴唇微张却一时没说出话来。

一到周末，我就拉着她参加各种骑行活动。一场酣畅淋漓的骑行结束后，女儿大口喘着粗气，却眉眼弯弯，咧着嘴笑得无比开怀。

自那以后，骑行逐步融入孩子的生活，化作不可或缺的活力"添加剂"。女儿在课余时穿梭在城市街巷、郊外小道，领略不同的风景。

因骑行，她结识了一群志同道合、热血赤诚的小伙伴，他们经常分享沿途奇遇，欢声笑语此起彼伏。在校园里，她不再沉默不语，在走廊上常能看到她与伙伴打闹嬉笑的身影，爽朗的笑声回荡在校园里。

那份源自群体的归属感，在心底稳稳扎根、发芽生长，厌学的阴霾被骑行带来的青春活力层层驱散。

3. 营造家庭氛围

心理老师告诉我，孩子宛如一棵娇嫩的幼苗，有着无限成长潜力，渴望向着阳光奋力拔节生长。而家庭无疑是孕育这棵幼苗的土壤，土壤的肥沃程度，直接关乎孩子能否茁壮成长。

回首往昔，我与孩子爸爸在教育理念上简直是两条难以交会的轨道，各执己见，分歧频出。每一次意见不合，都会发生激烈的争吵，那些伤人的话语在空气中横飞。孩子置身其中，难免会受影响。

在反思与自责中，我们最终达成坚定共识：往后面对孩子时要温和引导，即便两个人有分歧，也绝不当面起冲突，务必多在孩子面前展现家庭和睦、温馨的一面，让家真正成为她安心的港湾。

为了全身心地陪伴孩子，爸爸毅然放弃诸多不必要的应酬。当女儿坐在书桌前，埋首于作业堆时，我与孩子爸爸也默契地放下手机——那曾占据我们大把闲暇、分散我们诸多精力的"小屏幕"。孩子爸爸会从书架上精心挑选一本书，窝在沙发一角，沉浸在文字的世界里；我则戴上围裙，一头扎进厨房，钻研烘焙技艺，为他们俩做点好吃的。

屋内静谧安宁，唯有孩子笔尖摩挲纸面的沙沙声、偶尔翻书的轻响，满是岁月静好的温馨。

每晚我们还预留15分钟的"闲扯"时间，三个人一边收拾屋子，一边"胡说八道"。我和爸爸还会结合自己学生时代的经历，给女儿提参考意见。

日积月累，在这般用心滋养、悉心陪伴下，孩子作息逐步规律起来，早上不赖床，学习上积极主动，认真完成作业，遇到难题不再逃避，而是主动去请教老师、同学。女儿曾经丢失的自信也重新找了回来，眉眼间满是意气风发，她还常常憧憬未来，念叨着："我得再加把劲，考上个好大学！"

这段崎岖的路，宛如一场刻骨铭心的修行，让我深深懂得：教育从不藏在高深理论、严苛督促中，它就隐匿在平凡生活的一粥一饭、一陪一听、一扶一拥间。

视频：孩子越叛逆，
未来越成功

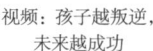
慢慢
心语

　　"为人父母，就是要让孩子明白：你和别人不同，这很好；你和别人不同，但这并不影响我爱你。"

　　母亲多年紧盯成绩，孩子求学之路布满荆棘，考入高中后却状态低迷、书本凌乱、作业潦草、上课分心、成绩骤降，亲子交流一碰就"炸"，家庭被压抑感笼罩……我深知他们已经陷入困境。

　　好在母亲经求助后找到根源。长期高强度的学习使孩子身心俱疲，母亲却只看分数，忽略了孩子内心焦虑和新环境适应的问题，导致孩子缺失安全感、归属感和成就感，从而陷入厌学与绝望。母亲很懊悔，于是决心改变。

　　破局之法尽显深沉母爱。在重塑生活空间时，母女一同"断舍离"，整理旧物，抛弃废品，使房间焕然一新，女儿眼中重现希望；开启骑行之旅，女儿在骑行活动中结识伙伴、尽情释放，寻得归属感，逐步消除厌学情绪；父母放下分歧，陪伴孩子，父亲沉浸书海，母亲钻研烘焙。慢慢地，孩子作息逐渐规律，学习积极，自信归来，真切感受到了家庭的爱。

　　我为这位母亲点赞，她敢于直面问题，从生活小事上发力，让孩子懂得自身价值，给予孩子品德滋养，让孩子重燃学习动力。愿家长们以此为镜，珍惜生活点滴，用爱为孩子铺就成长坦途，引领他们走向光明未来。

13

儿子又懒又不学习，原来是因为父母没有界限感

以爱之名的“越界”

儿子一天天长大，而外在的懒散与厌学表现却愈发明显，成绩一落千丈不说，对生活里的大小事务都提不起劲，整日瘫在沙发上玩手机、打游戏。

我满心的委屈与困惑，不断在心底自问：我事无巨细地照料着他，为他规划好学习、生活的每一处细节，怎么竟养出这般消极怠惰的孩子？

直至无数个心力交瘁、辗转难眠的夜晚后，我才如梦初醒——是我那毫无边界感的爱，亲手为他的成长筑起了一堵无形却厚重的墙，将他本该蓬勃的上进心困于墙内，使之萎靡不振。

1. 生活全包办：剪断孩子自立的“翅膀”

回想起儿子的童年，那会儿我恨不得化身超人，替他摆平生活

里的一切琐碎之事。清晨，闹钟还未响，我便走进他的房间，小心翼翼地帮他穿好衣服，生怕惊扰了他的美梦；洗漱台上，挤好牙膏、放好热水，全程"护送"他完成洗漱；餐桌上，永远是精心搭配、温度适宜的早餐，连鸡蛋都剥好壳摆在一旁。

上学路上，书包稳稳地挂在我的肩头；放学回家，迎接他的是切好的水果、摆好的零食。儿子换下的衣物我顺手就拿去清洗、烘干、叠放整齐。

那时候，我觉得这是为人父母应该做的，却没看到儿子眼中逐渐褪去的好奇心与尝试欲。当同年龄段孩子已能熟练系鞋带、整理书包时，他却还懵懂无知、心安理得地享受着这一切。

因为在他的认知里，妈妈总会搞定所有事情，自己无须动手、动脑。长此以往，儿子生活自理能力逐渐丧失，当他面对住校、军训这类需要独自应对日常起居的情况时，瞬间就慌了手脚，袜子正反面分不清、床铺一团糟，被同学嘲笑后自尊心受挫，愈发抵触走出舒适区，于是变得愈发懒散，连最基本的个人卫生都不愿打理。

2. 学习全包办：磨灭孩子求知的"火种"

他的学习，更是我严防死守的"战场"。

从小学起，我便坐在儿子身旁，全程监督他写作业，一旦他写错字、算错题，立马指出来，声色俱厉地要求改正；对于寒暑假作业，我会提前制订计划，精确到每天每小时，严格督促他按部就班地完成；我还精心挑选课外辅导班，风里来雨里去地接送，只为他不落人后；考试前夕，我比他还紧张，反复梳理知识点，好像我才是那个要上考场的人。

我以为这般的亲力亲为能换来优异的成绩，却不知孩子内心的抵触情绪正与日俱增。课堂上，他开始走神发呆，心想反正回家后妈妈还会再讲；遇到难题，第一反应不是思考钻研，而是坐等我的"标准答案"；写作文时，毫无自己的真情实感，堆砌着我教给他的好词好句，只为应付了事。在他眼中，学习不再是探索知识、满足好奇心的旅程，而成了取悦妈妈、完成任务的苦役。他自主学习的热情被我无休止的插手消磨殆尽，知识的"火种"尚未燎原，便已奄奄一息。

3. 社交全干预：禁锢孩子处世的"羽翼"

在儿子的社交圈子里，我也曾频繁"越界"。看到他和成绩稍差的孩子玩耍，我心里就直犯嘀咕，旁敲侧击地劝他："多跟学习好的同学一起玩，能共同进步。"班级活动分组，要是成绩不好的组员过多，我便悄悄找老师协调；孩子间偶尔闹点小矛盾，我也会迫不及待地出面"主持公道"，完全不给儿子自己解决问题、磨合关系的机会。

久而久之，儿子在社交时变得怯懦、依赖。同学聚会时，他畏畏缩缩不敢发表意见；小组合作时，他躲在后面，生怕犯错被指责；与别人产生分歧时，他会第一时间望向我，等我"救场"。独立社交能力的缺失，让他在学校愈发孤单，朋友寥寥无几，归属感的缺乏又进一步影响到他学习与生活的状态，儿子现在就喜欢拿着手机，沉迷于虚拟世界，在游戏里寻找虚假的成就感与陪伴，逃避现实社交的不如意。

成长路上的"破局之旅"

看着儿子步入青春期后，整个人像被抽去了"精气神"，各方面状态急转直下，我的心也揪了起来。没想到，自从上了初中，一切都变了。

学习上，孩子成绩下滑严重，课堂小测验频繁亮红灯，作业本上满是刺眼的红叉；课本崭新得找不到翻阅的痕迹，笔记寥寥无几。以往儿子还会装模作样地在书桌前坐一会儿，如今回家书包一扔，就抱着手机窝在沙发里，沉浸在虚拟世界中。

生活中，他邋遢得不成样子。房间乱得像遭了贼似的，脏衣服、臭袜子随处可见；叫他帮忙做点家务，要么充耳不闻，要么满脸不耐烦，摔门回屋是常有的事。

人际社交更是一塌糊涂。昔日的小伙伴渐渐疏远，新结识的朋友也没有几个靠谱的。周末，儿子总是一个人闷在家，几乎与外界隔绝。

眼见孩子这个状态，我心急如焚。懊悔与自责不断啃噬着我，促使我急切地踏上寻找解救之法的征程。

我四处打听后得知，有一位专业的心理咨询师对青少年进行心理辅导成效显著，我怀揣着最后一丝希望报了名，期待能得到专业的指导。

起初并不顺利。同期班的家长们在交流群里不断地发喜讯：这家孩子重拾自信，主动参与社交了；那家孩子自律自强，成绩提高了；而我家孩子毫无起色。焦虑与失望交织成怒火，我一次次拨通这位心理老师的电话，言辞间满是苛责与怨怼："我交了这么多钱，您到底怎么教的？我非常失望，这还不如我买个几百块钱的网课。别人家的孩子都进步了，我家的孩子怎么还是老样子！天天吊儿郎当的，一点改变都没有！"

老师始终平心静气，默默包容着我的愤怒。直到那次深度长谈后，老师才道出"不要过度共情孩子"，这宛如一声洪钟，震碎了我心头那道顽固的执念之墙。

随着年龄的增长，孩子的内心也在慢慢强大，我们和孩子的界限也该逐渐划分清晰。你有你的事，我也有我的事，咱们互相明确并守护好边界，做好自己该做的事，承担起自己该负的责任。家长真的不需要也没有必要立即、过度地去"共情"孩子。

母爱是一场渐行渐远的分离。

剪断脐带，是孩子出生的重要一步；断奶，孩子需学会独立进食；学走路，孩子要独立行走；进入幼儿园，孩子要开始集体生活。

以前，我虽然自诩要好好改变，但实际上，我时刻将自己代入儿子的处境，心疼他学业辛苦，担忧他交友不顺，恨不得替他铲平一切坎坷，却全然忽略了处于青春期的他，内心正涌动着渴望独立、自主探索世界的力量，那些成长路上的磕绊、挫折，正是锤炼他灵魂的良药，是任何人都无法代劳的成人礼。

刹那间，泪水模糊了我的双眼，既有对自己无知行为的悔恨，也饱含着对心理老师包容胸怀的感激。我暗暗发誓，一定要管住自己泛滥成灾的"保护欲"，放手让孩子去闯荡，哪怕前路布满荆棘。

重塑边界：还给孩子成长的"留白"

1.克制干预：打破"禁果效应"的枷锁

当儿子熬夜沉迷游戏时，电脑屏幕的幽光映照着他疲惫却亢奋的脸庞，我在门外踱步，内心煎熬不已。以往，我定会冲进去劈头盖脸地斥责，强行他关掉电脑。可如今，我紧攥衣角，指甲陷入掌心，靠着顽强的意志力咽下嘴边的唠叨。

我深知青春期的孩子正处于自我意识的飞速发展期，内心渴望独立、自由，抵触一切外来的强硬约束。此时若采取过度打压的方式，无疑是火上浇油，只会激起他们更加强烈、执拗的逆反心理，让事情朝着更加失控的方向发展。

正如心理学上赫赫有名的"禁果效应"："越被禁止的东西，人们越想得到；越想掩盖某个信息，它越能激起别人的好奇心和探求欲。"

强行禁止孩子玩游戏，反倒会在他心底种下一颗好奇、叛逆的种子，促使他想尽办法去触碰这所谓的"禁果"。

所以，我默默等到他早上睡眼惺忪地走出房间时，才看似轻描淡写实则郑重地说道："昨晚睡得有点晚吧，充足的睡眠对长身体、集中精力十分重要，今天可得调整调整。"话语轻柔，却似一颗理性的种子，悄然在儿子心中种下作息规律的理念，期待它日后能生根发芽。

2. 引导探索：搭建"脚手架"进行助力

学习，向来是我最为关注的一个"战场"，然而我过往错误的"参战"方式，让儿子在知识的征途上迷失了自主前行的方向，让他对我过度依赖。

有一回，面对一道复杂的物理电路题，他抓耳挠腮，草稿纸揉了一团又一团，最后满脸无助地望向我，眼神里满是急切的期待，盼着我直接给出解法。我深吸一口气，拉过一把椅子坐在他身旁，轻声说道："宝贝，你已经把已知条件梳理得挺清楚啦，再顺着思路往前推推，你有能力攻克它。"

还好我之前的理科成绩不错，还能辅导他学习。每当他在推导过程中卡壳时，我会适时抛出一个小问题，启发他回顾相关知识点。或是用手指着电路图的某个关键部分，引导他留意被忽视的细节。

正如维果茨基所说："儿童的学习是在最近发展区内，通过成人的帮助跨越这个区域，最终达到独立解决问题的水平。"于是我努力找准他的"最近发展区"，以提供恰到好处的助力。

我充分运用心理老师教的"脚手架理论"，不直接代劳，而是在旁边给予适度引导，为他搭建思维攀爬的支架。

三番五次后，儿子逐渐收起依赖性，学会主动翻课本、查资料，笔记从寥寥数语变得密密麻麻，还用不同颜色的笔标记重点、易错点，知识体系在他一次次自主探索中如同牢固的大厦，日渐稳固。

3. 同理陪伴：激发"同理心"的能量

青春期的孩子，社交世界犹如一片波涛汹涌的大海，风浪不断，暗流涌动。儿子也没能幸免，时常被裹挟在人际冲突的旋涡中。

还记得他和朋友断交那次，他红着眼、撇着嘴进门，泪水在眼眶里打转，满腹委屈地向我倾诉："妈妈，他们都不理解我，明明不是我的错！"话语间满是不甘与愤怒。

我这次没急着评判是非，而是迅速递上纸巾，静静倾听，不时点头回应。等他情绪平复些，我才轻声问道："要是你站在朋友的角度，看到当时那种情况，会怎么想呀？"引导他用"同理心"换位思考来化解矛盾。

心理学研究表明，青春期的孩子社交需求极为强烈，这个阶段人际冲突处理得当与否，直接关乎其情商能否实现飞跃。正如情绪智力专家丹尼尔·戈尔曼所说："同理心是情商的核心能力，它能让我们站在他人的角度，感同身受地理解对方，进而有效沟通与合作。"我希望儿子能借此次冲突，真切领悟到同理心的力量。

起初，儿子满脸的不情愿，反驳道："我才没错呢，凭什么要我换位思考！"但在我的耐心引导下，他开始尝试将自己代入朋友的视角，渐渐地，语气缓和，嘟囔声变成小声嘀咕："好像……他当时可能也有难处。"我趁热打铁，和他一起复盘整个事件，分析双方言语、行为中的不妥之处。

慢慢地，儿子掌握了同理心技巧，后续再遇到社交摩擦，不再一味地抱怨指责，而是主动沟通，理解包容。因此，他变得越来越自信，在校园里如鱼得水，结识了一群志同道合的挚友，周末还相约一起运动、学习。

这一路走来十分艰辛，我深感这一路有多么不容易。多亏了心理老师的陪伴和指导，以及她在我无数次想要放弃时的打气鼓劲，我咬紧牙关，坚守底线，哪怕内心焦虑似火焚，外表依旧温和而坚定地"退居幕后"。

转机在日复一日的坚守中悄然降临。现在，儿子在学习上，面对复杂的物理公式，不再望而却步，还喜欢在实验室里摆弄器材验证理论；背诵文言文时，摇头晃脑沉醉于诗词古韵，主动向古文功底深厚的爷爷请教。在生活中，他的房间干净了，衣物叠放整齐；周末下厨学炒菜，还主动揽过洗碗、拖地的活儿。

历经这场跌宕起伏的青春期育儿大战，我仿若重生，深刻领悟到，孩子的成长正如破茧成蝶，需在幽暗中奋力挣扎、历经磨难，唯有给予他们充足的空间，他们才能振翅高飞。

育儿就像放风筝，线拽得太紧，风筝会挣脱坠落；适度放线，把控边界，风筝才能借风翱翔。父母适时放手绝非缺位失职，而是契合孩子心理发展规律的深沉智慧与爱意表达，要怀揣爱意，更需理性克制，给孩子一片自主成长的天空，让他们在试错、探索中磨砺羽翼。

往后岁月，我愿默默守望，见证孩子用独立、坚韧书写独属于自己的成长华章。这才是真正圆满、智慧的亲子相伴之道。

视频：教育青春
期的万能方法

接纳孩子的情绪，才能捧住彼此的心。

初次接到母亲的求助，孩子又懒又厌学，家庭氛围压抑沉闷，我能想象到孩子在成长的泥沼中挣扎，眼中光芒渐黯，眼神迷茫。

陪母亲寻出路，宛如在荆棘丛中蹒跚。起初，孩子毫无起色，面对孩子妈妈的指责，我咽下委屈，深知她望子成龙却陷入绝境的急切与绝望，也不禁自我怀疑，感到压力如山。

直到那次关键的长谈，瞥见母亲如梦初醒的眼神，我才觉得曙光初现，心口稍松。我明白，她终于抓住了稳定亲子关系的关键——关注孩子的情绪。

听闻当儿子熬夜玩游戏时，母亲克制怒火，用平和的言语提醒，接住了孩子的情绪，我眼眶泛红，仿佛看到坚冰消融，自律的种子已经播进孩子心田，为母亲的成熟骄傲，也期待着孩子的转变。

孩子学习遇到难题，虽没亲眼见证母亲的引导过程，但在得知孩子沮丧、焦虑被化解后，重拾求知热情，如同幼苗逢甘霖般茁壮成长，我由衷地感到欣慰，深感爱的力量的伟大。

当孩子因社交冲突、受委屈回家后，母亲递上纸巾，耐心倾听，引导孩子换位思考，让孩子逐步走出阴霾，我为母亲点赞。

这一路，我全身心地投入，与母亲携手为孩子驱散黑暗。我深知，作为心理咨询师，不仅要传方法，更要传信念：家长接纳孩子的情绪，给予孩子力量，孩子定能振翅高飞。

14

18 岁的儿子说：
等考上大学再也不回来了

儿子今年 18 岁，站在成年与未成年的分界线上，本应是畅想未来、满是憧憬的时刻，他却丢下一句狠话："等我考上大学，就再也不回来了！"

那一瞬间，我只觉得五雷轰顶，愣在原地好久都回不过神。往昔的一幕幕如潮水般涌上心头，一桩桩、一件件，都成了我"育儿失误"的铁证，也让我彻底认清一个残酷的真相——跟孩子较劲，纯粹是亲手把他往家门外推。

被成绩裹挟的高中时光：爱与压力的错位

对于许多家庭而言，孩子上高中这三年，是一场悄无声息却又惊心动魄的"战役"，在我们家，这更是一场没有硝烟的"升学大战"。

从孩子踏入高中校门的那一刻起，我和爱人便下意识地绷紧了那根"督促学习"的弦，脑海里只有一个坚定不移的目标——要将孩子"护送"进国内顶尖学府。那时候，我们笃定地认为，唯有严苛的管教、分秒必争的督促，才能为孩子铺就一条通往成功的康庄大道，却全然未料到，这份沉甸甸的"爱"，正将孩子一点点推向孤独与压抑的深渊。

每日破晓时分，大多数人尚在梦乡之中，我便蹑手蹑脚地走进孩子的卧室。屋内还弥漫着静谧的气息，我轻轻凑近他耳畔，压低声音却带着不容置疑的坚决："起床了，背点儿单词，早上的时间十分宝贵。"

孩子睡眼惺忪，嘴角撇了撇，带着几分不情愿，在温暖的被窝里稍稍蜷缩了一下，似乎想多贪恋这片刻的舒适，可在我的注视下，终究还是不情愿地坐起身来，乖乖就范。看着他睡眼蒙眬地翻开课本，我才退出房间，以为这便是助力他走向优秀的正确开端。

深夜，整个城市沉入梦乡，别人家的孩子早已入睡，儿子的卧室却依旧灯火通明。那盏台灯散发的光芒，将孩子小小的身影笼罩其中。他被堆积如山的作业、习题册紧紧围在中间，眉头紧锁，手中的笔在纸上奋笔疾书，发出沙沙声。每一道题目都像是一座亟待攻克的堡垒。

偶尔他写累了，笔尖停顿，身子稍稍后仰，活动一下发酸的脖颈，眼神中流露出一丝疲惫。这时，我和爱人便轮番上阵，苦口婆心地劝诫："现在辛苦点儿，将来考个好大学，日子就轻松了，别懈怠啊！"孩子十分无奈，只能深吸一口气，重新埋首于习题之中，确保自己一刻也不停歇。

周末本应是放松身心、尽情享受青春活力的美好时光，可在我们家，孩子的周末被各类辅导班充斥。周六清晨，阳光还未洒满窗台，孩子就得背着沉甸甸的书包出发去辅导班。那书包里装满了各科辅导资料，压得他肩膀下沉、脚步拖沓，仿佛每一步都迈得极为艰难，活脱脱一个负重前行的小苦役。绘画课、书法课这类培养兴趣爱好的班，早被我们从规划里剔除；数理化强化班、英语培优班、作文集训营……一门接着一门的主科辅导班，才是周末的"主角"。

平日里，我们更是化身"监督卫士"，仔细检查他的课余时间安排。有一回，我无意间瞥见孩子在房间里偷偷翻漫画书，那一瞬间，我心里"咯噔"一下，马上冲进去，一把夺过漫画书，大声斥责道："都什么时候了，还看这些没用的东西！"孩子眼中闪过一丝慌乱与委屈，嗫嚅着解释道："我就看一会儿，放松一下。"可我根本听不进去，决然地将这"不良行径"扼杀在萌芽状态。

还有一次，孩子戴着耳机在听歌，沉浸在音乐世界里稍作休憩，却被爱人撞见，同样换来一顿严厉数落。

在这般高强度管控下，孩子就像提线木偶，麻木地在我们规划的轨道上机械前行。好在付出似乎有了回报，成绩单上那亮眼的分数始终稳居班级前列。每次家长会上，老师点名表扬孩子时，我和爱人坐在台下，脸上满是自豪，内心更是笃定自己的教育方式十分正确。我们热衷于拿孩子与同龄人的成绩比较，谁家孩子进步了，谁家孩子又落后了，都在我们的关注范围内，仿佛孩子的成绩就是衡量一切的标准。

然而，沉浸在喜悦中的我们，此时彻底忽略了孩子身上悄然发生的变化。曾几何时，孩子眼中闪烁的光芒愈发暗淡，像是被乌云层层遮蔽的星辰。以前放学回家，他活力满满，拉着我们分享校园琐事：同桌闹的笑话、老师讲的新奇知识点、体育课上的小插曲……

可自从上了高中后，他像是换了个人，放学一回家，径直扎进房间，"哐当"一声关上房门，那声响好似一道不可逾越的屏障，将他与我们彻底隔开。屋内安静得只剩下他偶尔的翻书声，沉闷压抑的气息从门缝中微微透出。

饭桌上，本应是一家人温馨交流的时刻，如今却也成了尴尬之地。一家人相对无言，偶尔我主动挑起话题，轻声问道："今天在学校里怎么样？"孩子眼皮都不抬一下，随口丢出简短又敷衍的几个字："还行。"我不甘心，又多问了几句学习细节，他便重重放下碗筷，满脸厌烦，闷声不响地回屋，留下我和爱人面面相觑。

爱人轻叹一声，眼中满是忧虑："这孩子，怎么变成这样了？"我心里虽不是滋味，却仍强装镇定："青春期嘛，可能都这样，过阵子就好了。"

随着时间的推移，孩子愈发沉默寡言，脸上的笑容近乎绝迹，我们之间的距离，也仿佛隔着一道看不见的鸿沟，渐渐遥远。

矛盾终于在一次激烈的冲突中彻底爆发。一次模拟考试成绩公布后，孩子的成绩略有波动，没有达到我们的预期。看着成绩单，我满心焦虑，忍不住埋怨道："你最近是怎么回事？学习上是不是放松了？这么关键的时候，怎么能掉链子呢？"孩子原本就紧绷的神经瞬间绷断，他像一只被激怒的小狮子，猛地站起身来，冲着我们暴跳如雷，大吼道："等考上大学后，就再也不回来了！命都给你们了，还想要我怎样？"他两眼通红，泪水在眼眶里打转，额头上青筋暴起，整个人因为愤怒而微微颤抖。

这突如其来的爆发，让我和爱人完全愣住了，我们木讷地看着孩子，仿佛第一次认识他。那一刻，我才惊觉，我们给孩子施加的压力已经远远超过了他所能承受的极限，这份沉重的"爱"，最终破坏了亲子关系。

我们一心只盯着成绩，以为那是决定孩子未来的关键，却没意识到，孩子的心灵如同久旱的土地，急需理解、陪伴与自由的甘霖滋润。

那些被我们强行挤占的课余时光，他本可以发展爱好、结交挚友、释放压力；那些未被我们倾听的校园琐事，藏着他的喜怒哀乐，是他渴望与家人共享的青春片段；那些因看漫画、听音乐被粗暴打断的瞬间，碾碎了他为数不多的放松机会。

在这场名为"升学"的战役中，我们赢了成绩，却险些输了孩子的心。

破茧之路：重建亲子关系的觉醒与行动

夜深人静时，我躺在床上辗转难眠，脑海里不断浮现孩子冷漠疏离的背影。这时，一丝惶恐悄然爬上心头，我开始反思，我们口口声声的"为他好"，真的是孩子需要的吗？这份沉重到让孩子窒息的"爱"，会不会已经将他越推越远？这些疑问，如尖锐的刺，扎得我满心疼痛，也促使我下定决心，要去探寻那被成绩迷雾掩盖的真相，找回那个曾与我们亲密无间的孩子。

通过其他家长的热心介绍，我有幸结识了专门从事青少年心理工作的老师。怀着焦虑与恳切的心情，我向心理老师倾诉了我们亲子间的重重矛盾，祈求老师能引领我走出这片教育的迷雾，挽救那已千疮百孔的亲子关系。

心理老师面容和蔼，眼神中透着无尽的耐心，静静听完我的哭诉后，她轻轻开口，那温和的话语却如重锤，字字直击心灵深处：**"孩子是独立的个体，绝非家长所期待的附属品，你务必学会换位思考，真切地尊重他的感受，放下家长的权威，要平等相待。"**

心理老师的话让我如梦初醒，开始深刻反思过往种种。在这之前，我和爱人对孩子的管教方式，无疑给孩子带来了巨大的身心压力，这也正是他情绪爆发，冲我们大喊大叫的根源。

从生理层面来看，高三的孩子正处于度过青春期的关键阶段，身体经历着剧烈的变化：体内的性激素、皮质醇和血清素水平犹如汹涌浪潮中的扁舟，起伏不定。皮质醇的过度分泌易引发焦虑情绪，使孩子时刻处于紧张不安的状态，仿佛一只惊弓之鸟。而血清素作为情绪稳定的"守护者"，其分泌的不稳定性让孩子难以有效调节自身情绪，导致情绪容易失控。

从心理学层面讲，长期以来，我们对孩子学习成绩的过度关注，使其生活被学业填满，几乎没有喘息的空间。孩子的兴趣爱好被无情剥夺，社交活动也被严格限制，其内心的情感世界如同一座孤岛，无人问津。

在这种压抑的环境下，他的心理需求得不到丝毫满足，自我价值感逐渐丧失。我们的唠叨与大喊大叫，更如一把把利刃，不断刺痛他脆弱的心灵，加剧了他内心的痛苦与无助。他感到自己仿佛被困在一个密不透风的笼子里，拼命挣扎却找不到出口，对我们的怨恨与逃离的渴望，也就在这无尽的压抑中与日俱增。

重建亲子桥梁：四步修复破碎关系

在深刻洞悉孩子种种异常表现背后的根源后，我在心理老师的专业引领下，精心规划了重建亲子关系的四步策略。

1. 给"情感账户"充值：给予道歉与空间

此步的核心在于将亲子关系理解成一个特殊的"情感账户"。

过往我们过度的管教，如频繁的批评、强硬的指责以及事无巨细的控制，如同从账户中不断支取，致使账户严重亏空。回到家后的第一时间，我就给孩子写了一封饱含深情且真挚悔意的道歉信，向孩子坦承自己的过错，表达对其情感世界的尊重。我深知，这封信不仅仅是几行文字的组合，它更是一笔珍贵无比的情感存款，有望填补我们亲子关系间那巨大的情感沟壑。

自那之后，我时刻提醒自己，坚决抑制那想要唠叨的冲动，努力摒弃过度关切的不当行为。每当我想要叮嘱孩子学习、生活琐事之时，脑海中便会浮现出"情感账户"的概念，于是将嘴边的话语默默咽下。

我开始学会尊重孩子的私人空间，不再随意闯入他的房间，不再对他的一举一动都进行严密监控。当他在房间里独处时，我会在门外静静守候，给予他充分的安静与自由，让他能够在这片专属的静谧空间里，安心梳理内心那如乱麻般的情绪。

我明白，这一过程或许漫长而艰辛，但我愿意耐心等待，就如同在荒芜的土地上默默耕耘，期待着那情感的种子能够重新生根发芽，逐步修复那几近干涸的"情感账户"，为亲子关系的复苏与重建稳稳筑牢根基，迎接那久违的温馨与和谐。

2. 积极强化赋能：发现孩子身上的闪光点

这一步骤依托的是"积极强化"的心理学原理。

在孩子的成长历程中，其每一个积极的行为都渴望被关注与认可。我开始学习重新认识我的孩子，用心去探寻孩子身上哪怕细微的优点与进步，随后给予热情而诚挚的赞美。

我深知，这种赞美绝非简单地说几个夸奖之词，它恰似一种神奇的催化剂，具有为孩子的积极性注入源源不断强大动力的魔力。

当孩子接收到这份真诚的赞美时，就如同在黑暗中摸索前行的旅人看到了明亮的灯塔，内心会涌起一股强烈的成就感与满足感，从而有效提升其重复该积极行为的几率。

长此以往，在一次次积极行为的累积与强化过程中，孩子的自信心必将如同茁壮成长的幼苗，逐渐变得坚韧而挺拔，自我价值感也会在潜移默化中得到深度的培育与升华。

例如，当孩子在攻克一道复杂的数学难题时展现出坚韧与智慧，我及时的赞美会使他深切体悟到自身在学习方面的卓越能力，这种积极的自我认知将扩散，激发他在其他学科乃至生活的各个维度绽放更多的光彩。

这一切的积极变化，都宛如为亲子关系的改善源源不断地注入温暖而强大的正能量，让我们之间的关系开始亲近。

3. 人本主义沟通：引导孩子表达

此环节紧密契合人本主义心理学"尊重个体自我表达与深度探索内心世界"的理念。

成长中的孩子，内心世界丰富而深邃，有着强烈的倾诉欲与被理解的渴望。于是，我决定先改变自己，努力学着去转变在亲子关系中长久以来习惯扮演的角色。

我不再是那个滔滔不绝地说教、一味地将自己的观念与期望强行灌输给孩子的家长，而是尝试成为一位耐心的倾听者与智慧的引导者。我开始巧妙地运用提问这一有力工具，精心设计一个个温和且富有启发性的问题，以此作为开启孩子内心世界那扇神秘大门的钥匙。

当我开启这样的沟通模式时，我会凝视着孩子的眼睛，用轻柔且充满期待的语调问道："今天在学校里有没有遇到什么特别有趣的事情呀？"或者"你最近在学习上有没有什么新的想法或者困惑呢？"这些看似简单的问题，正如一把把神奇的钥匙，轻轻触动着孩子内心深处那根渴望倾诉的弦。

孩子开始逐渐放下心中的戒备与顾虑，畅所欲言，将自己在学校里的点点滴滴、喜怒哀乐毫无保留地与我分享。无论是课堂上的一次精彩发言，还是课间与同学的一次小摩擦；无论是对某一学科知识的独特见解，还是对未来梦想的朦胧憧憬，他都愿意坦诚地向我诉说。

在这个过程中，我始终全神贯注地倾听着他的每一句话，用点头、微笑以及适时的简短回应来表达我对他的关注与理解，充分赋予他在这场沟通中的自主权。我不会轻易地打断他的话语，更不会急于对他所说的内容进行评判或给出建议，而是让他能够在一个完全自由、宽松且被信任的氛围中充分地表达自己。

正因如此，孩子渐渐能够真切地感受到那份来自父母的信任与理解所带来的温暖与力量。这种被尊重的美好体验，帮助他勇敢地深入探索自己的内心世界。他开始更加清晰地认识自己，了解自己内心真正的渴望与追求。

与此同时，他也能够清晰地认识到，父母在其成长旅程中所扮演的并非是主导一切、发号施令的指挥者，而是贴心相伴、并肩同行的伙伴。我们共同面对成长过程中的喜怒哀乐、风雨彩虹，彼此相互支持、相互鼓励。这种全新的亲子关系认知模式，有效地拉近了我们之间的心理距离，如同在我们心间架起了一座坚固而温暖的桥梁，让原本可能存在的隔阂与疏离逐渐消散，取而代之的是一种更为平等、和谐、亲密且充满爱意的亲子关系。

4. 重塑依恋关系：爱与陪伴同行

这一步骤将深植于"爱的依恋"理论。

孩子自出生起便有着与父母构建安全、稳固的依恋关系的本能渴望。然而，过去高压的家庭环境却对这种天然的依恋纽带造成了损害。

如今，我已深刻认识到了问题的严重性，决心以无条件的爱作为丝线，以全身心的陪伴化作针，对这已经受损的情感纽带展开精心的修补工作。

我开始用心去了解孩子的兴趣爱好，当我发现他对足球有着极大的兴趣时，我会毫不犹豫地陪伴他一同沉浸于那激情澎湃、热血沸腾的赛场氛围之中。在阳光灿烂的周末午后，我与他并肩坐在绿茵场边，为他喜爱的球队呐喊助威；在静谧的夜晚，我们紧挨着坐在电视机前，共同见证一场场紧张激烈、扣人心弦的球赛。我全情投入其中，与他一同感受每一个精彩瞬间所带来的喜悦与激动。

在这个过程中，孩子能够深切地感受到，父母给予他的爱与支持是如此纯粹且毫无保留的，他在家庭这个温馨的港湾中，是被我们真心实意地接纳与珍视的。

这场关于亲子关系的危机，如同一把"双刃剑"，虽曾让家庭陷入痛苦与迷茫，却也意外地成了我们家走向更加和谐的转机。在与孩子携手共渡难关的过程中，我潜心钻研了诸多心理学知识并深刻领悟：家绝非仅仅是孩子成长的栖息地，更是他们心灵的避风港、力量的源泉，是无论何时何地都能给予他们无条件支持与接纳的坚实后盾。

真心感谢心理老师在这段艰难旅程中的悉心陪伴与专业引领，她和她的专业知识犹如暗夜中的明灯，照亮了我们前行的道路。

如今，孩子已顺利跨越高考这道人生中的重要关卡，并且取得了令人骄傲的成绩。但我深知，成绩不过是其成长路上的一抹亮色，更为珍贵的是，我们在这场考验中重新找回了亲子间的那份失落已久的信任与理解。

未来的日子里，无论风雨如何变幻，我都坚信，我们一家人将紧紧相依，用爱编织出更加绚丽多彩的生活画卷，共同书写属于我们的温暖篇章，让家的港湾永远宁静而祥和，为孩子的逐梦之旅持续赋能，伴他飞向更为辽阔的天际。

视频：青春期孩子戾
气重，家长该怎么做

慢慢
心语

"这个世界上从来不缺乏爱孩子的父母，缺的是能看见孩子的父母。"

18 岁的儿子喊着"等考上大学就再也不回来了"，对于母亲听到这句话时的绝望，我感同身受，那一定是刺痛心的。这句狠话的背后，是孩子长久的压抑与委屈，映照出父母"爱而不见"的隐痛。

回顾高中三年，父母紧盯成绩，天不亮就催着背单词，深夜陪做习题，周末给孩子报各种辅导班。孩子想放松看漫画、听音乐，却遭到严厉斥责。我仿佛看到孩子眼中的光芒被黑暗吞噬。孩子成绩虽好，但内心却十分贫瘠。我心疼孩子的那种无助感，也理解父母的迷茫，深知他们陷入了错误的相处模式。

所幸，母亲及时求助，我剖析根源，从孩子青春期激素失衡到兴趣和社交被剥夺后的孤寂，一步一步探究根源，虽揭开伤疤十分疼，但只为了引领她领悟。

见证母亲的蜕变，我感触颇深。给"情感账户"充值，她放下架子致歉、给予孩子空间，我似乎看到了孩子心底的门缝里透进了光；对孩子积极强化赋能，她挖掘闪光点进行赞美，让孩子重燃自信之火，这让我激动不已；她变身贴心听众，温柔地融化亲子间的坚冰；特别是重塑依恋关系时，她陪孩子看球赛，一起欢与呼，我由衷地替她高兴。

我深知，作为心理咨询师，不仅要传授方法，更要让家长树立用心"看见"孩子、助其成长的信念。

15

青春期的女儿得了"空心病"① 后说：妈妈，我恨你

自从有了女儿，我曾无数次幻想过和女儿携手走过美好的每一天。那时的我，单纯地以为只要给予她充足的物质保障、优质的教育资源，再辅以满满的爱，她便能成为我们理想中那般卓越的模样。

然而，现实却狠狠地打了我一巴掌。当女儿步入青春期后，曾经那个乖巧懂事的宝贝突然性情大变，厌学、叛逆、冷漠如汹涌潮水，将我们苦心构筑的美好愿景冲得七零八落。

当"空心病"这个陌生又冰冷的词汇闯入生活后，我才如梦初醒。我只好先改变为人父母那傲慢的观念，转变自己，再努力去找回那个被爱与温暖环绕、眼中有光的女儿。

---

① "空心病"：心理学名词，指一种心理现象，外在表现常为对外界事物冷漠、对未来迷茫，可能伴随着无意义感，缺乏动力，经常会自我怀疑。

望女成凤的执念

我和老公都是从农村一路拼搏考到省会城市并参加工作的。那些年，我们在昏暗的灯光下熬过一个又一个夜晚，对抗着生活的局促与学习的重压，就盼着能改写命运的轨迹。终于，我们在这座省会城市里扎下根来，有了安稳的工作和一个小小的家，不久，女儿也降生了。

怀揣着从农村一路拼搏、历经千辛万苦才在大城市站稳脚跟的坚韧与执着，我和老公满心都是"望女成凤"的炽热期许，把心里那股子不服输的劲儿，全转移到了女儿身上。

我们双方家庭在这座城市没有任何的背景和资源。

我们太清楚"寒门逆袭"的不易，那些为了改变命运熬过的苦夜、咽下的泪水，都成了我们鞭策女儿奋进的无声力量。

于是，自女儿呱呱坠地起，她的每一步成长规划都像是我们精心安排的棋局。从牙牙学语时购买的双语启蒙绘本，到蹒跚学步后各类才艺兴趣班的甄选；从择校时的四处奔走、托人求情，只为那重点学校的一个名额，再到每晚台灯下陪读的身影……每一个细节都倾注了我们全部的心血，每一分努力皆源于我们内心深处那份"让她赢在起跑线上"的执念。

女儿小学入学时，通过爸爸的关系被送进重点小学，那是多少家长挤破头都想争取的名额。

为了她的学业，我和老公虽工作忙碌，但从未放松过对她学习的督促。我们两个人工作都很忙，但必须有一个人推掉晚上的加班或应酬，留在家辅导女儿的作业。那些密密麻麻的习题，我俩经常会提前看一遍，以便能给女儿讲得通透。好在小学阶段课业不算繁重，女儿虽偶尔嘟囔几句累，但大体上还算配合，一家人的日子虽说也有些鸡飞狗跳，却也平稳有序。

得益于那所重点小学对口的优质初中资源，女儿顺利地踏入了这所升学率极高的学校，还幸运地被分进了一位教学经验相当丰富的老师的班里。

初一课业负担不算太重，靠着小学积攒的学习劲头，起初女儿还能勉强跟上节奏，虽说成绩算不上出类拔萃，但也不至于掉队。我们觉得这不过是女儿成长路上的一点小挑战，她只能逐步克服。然而，当女儿步入初二时，知识的深度与广度陡然攀升，"小四门"的压力如山洪暴发般汹涌袭来。

老师要求背诵课文时，她小脸一垮，嘴巴抿成一条倔强的线，仿若那些词句是剧毒无比的苦药，碰都不愿碰；老师布置查资料的任务，她就胡乱在网上复制几段文字，字号大小不一、内容东拼西凑，纯粹为了应付；一提及大段大段的手抄作业，她更是像点燃了的火药桶，手中的笔"啪"的一声砸在桌上，紧接着把书本狠狠一扔，双手抱胸，气呼呼地瘫坐在椅子上，那眉头皱得紧紧的，仿佛能夹死苍蝇。

往昔成绩单上的分数尚能维持几分体面，如今已面目全非，鲜红的分数仿若一道道利刃，直戳我们心窝。每天晚上，书桌前的女儿仿若被抽去了"精气神"，目光呆滞，要么对着灯光发呆，要么紧盯着一处发愣。

我和老公看在眼里，急在心头。心急之下，我们只能轮番上场"救火"。起初，我还耐着性子，柔声细语，循循善诱，拿着精心整理的知识框架，试图帮她梳理知识脉络，讲解"小四门"对构建初中阶段完整知识体系的重要意义，可换来的只是她冷漠的"嗯、哦"，敷衍了事。

软的无效，只能来硬的。我们甚至半拖半拽地把她按回座位，勒令其必须完成学习任务。一时间，家里的空气仿若凝固成冰，争吵声、啜泣声此起彼伏，气氛瞬间变得剑拔弩张，亲子间那原本温暖柔软的纽带，也在一次次激烈拉扯中变得千疮百孔。

在学校里，随着学业压力不断增加，女儿的情绪防线逐渐崩溃，陷入了极度的焦虑与痛苦之中。

她那个曾经无话不谈的闺蜜，在那段日子里竟成了矛盾的导火索。女儿满心期许在高压学习下能从闺蜜那儿获取一丝慰藉，哪怕只是课间短短几分钟的陪伴、说几句贴心安慰的话，然而闺蜜无暇顾及她的心思。几次相约被婉拒、分享心事遭敷衍后，女儿内心的委屈与不安不断发酵，最终在一次课间如决堤的洪水般爆发。

两个人在教室里对峙，女儿的脸涨得通红，泪水在眼眶中打转却强忍着不让其落下，声嘶力竭地质问闺蜜为何变了，言语间满是被冷落的愤懑。闺蜜也满脸委屈，不甘示弱地反驳，说自己同样被学业逼得喘不过气来，哪有闲工夫去哄她？激烈的争吵声迅速吸引了全班同学的目光。两个人竟然相互撕扯着头发打了起来，连其他同学的课本都散落了一地，喧闹混乱声惊动了老师。

不多时，老师的电话便打了过来，电话那头的声音满是气恼："你们家姑娘这是怎么回事？小小年纪就学人家拉帮结派，在班里大吵大闹，成何体统！这都严重影响课堂秩序了，别的同学还怎么安心学习？作为家长可得上上心，好好管管孩子的情绪和行为，别让事态再恶化下去。"

听到这话，我的心猛地一沉，脑海中瞬间浮现出女儿失控的模样，实在想不通向来乖巧的她怎会闹到这般田地。我握着电话的手忍不住地颤抖，此时只剩下焦虑与担忧。

探索女儿"叛逆"的深渊

经过一段时间的讲道理和调整，女儿稍微好了一点儿。但期中考试没有考好，女儿又被打回原形。

在小学时，那个扎着马尾辫、眼里有光，对周遭一切都充满好奇心的小姑娘不见了，取而代之的是一个浑身上下散发着萎靡气息的"陌生人"。

学习上，她的厌学情绪愈加严重。课本刚翻开没几分钟，眼神便开始游离，仿若那些文字是一只只讨人厌的小飞虫，精力怎么都无法集中。书桌前，她常是呆坐半晌，手中的笔随意摆弄，对我们苦口婆心的劝导充耳不闻，要么不耐烦地吼一句"别管我"，要么干脆关门躲进房间。

生活中，作息时间颠倒得厉害。夜晚，别人已沉入梦乡，她的房里却灯火通明，手机屏幕的光映在脸上，玩游戏，刷视频，沉浸在网络世界中不能自拔，凌晨两三点还毫无困意。清晨，闹钟响了好几遍，她却蒙着头，睡得昏天暗地，任我们怎么拖拽都不起床。上学总是踩着铃声狼狈地冲进教室。

社交也一团乱麻。昔日好友约她出门，一概被拒；昔日闺蜜打来电话，三两句话就挂断了；在学校里跟同学更是频繁起冲突。同桌只不过借支笔，她就能瞬间翻脸，大声叫嚷。

眼见女儿这般模样，我们心急如焚，各种对策一股脑儿往上使。先是制订严苛的学习计划，甚至精确到每分钟，期望能把她拉回正轨，结果她的抵触情绪更大了，要么阳奉阴违，要么直接罢工；又限制她使用电子产品的时间，一收手机、平板电脑，她就哭闹、绝食以示抗议。

无奈之下，我们匆忙奔向学校找老师求救。班主任老师满脸无奈，只是反复强调班级纪律，建议多督促其学习，丝毫未触及女儿内心的症结；任课老师只是大谈学科学习方法，对她情绪低落、毫无动力的根源也是一头雾水，一番交谈下来，毫无收获。

实在无计可施，经人介绍我们才找到了青少年心理咨询师。**一开始我是不愿意去咨询的，因为我觉得非常羞耻，总觉得这是很丢人的事，但又不想女儿就此沉沦。有些时候，还得放下面子。**

心理老师是这么跟我们解释的：14岁是青春期特别关键的节点。这个时候，孩子的身体像吹气球似的快速成长，激素在身体里横冲直撞，一会儿让心情好上天，一会儿又低落到谷底，大脑也在重新"装修"，想法变得又多又乱。本来心里就乱糟糟的，再加上外面说要成功、要优秀，家里又盼着门门功课都顶呱呱，这些压力一股脑儿全压过来，孩子根本招架不住。

北京大学心理学教授徐凯文提出了一个概念叫"空心病"。它不是说真的有病，而是一种比较形象的说法，用来描述当下部分年轻人，尤其是学生群体中出现的一种心理状态。他们往往拥有良好的物质条件以及看似光明的前途，在他人眼中是令人羡慕的，成绩优异，生活无忧，然而，他们内心却感到极度的空虚、迷茫和无意义。

从本质上说，"空心病"是价值观缺失所导致的心理障碍。这些学生在成长过程中可能一直被成绩、外在因素驱使，他们为了满足父母、老师和社会的期望而努力学习，却很少有机会去思考自己真正想要什么，自己的兴趣和热情在哪里。

徐凯文教授发现，具有"空心病"的学生，在情绪上常常是低落的，他们可能会出现抑郁情绪，但这种抑郁又和传统意义上因具

体生活挫折导致的抑郁有所不同。他们对学习缺乏内在动力，即便取得好成绩也没有真正的成就感，觉得只是在完成任务，就像一台没有灵魂的学习机器。在人际关系中，他们也可能会感到疏离，很难和他人建立深层次的情感连接，因为他们内心是空洞的。

一些家长对孩子各种表现的描述，显示出家庭对成绩的过度关注成了一种无形的紧箍咒。孩子长期处在这种环境下，内心逐渐被一种难以名状的空虚感占据，对学习缺乏发自肺腑的热爱，只是机械地去完成任务，因为孩子的自我价值和成就感被死死地和成绩捆绑在一起。一旦成绩稍有差池，就如同多米诺骨牌被推倒，内心那原本就脆弱不堪、仅靠分数维系的价值体系就会瞬间分崩离析，进而陷入迷茫、焦虑状态，对周遭一切都缺乏兴趣。所以你会发现孩子的情绪非常不好，做什么都没兴趣，十分烦躁。

心理老师的这一番剖析，如同一束强光穿透层层迷雾，那些隐匿在暗处的心理症结被逐一揪出，终于让迷茫无措、在黑暗中摸索许久的我们真切地看见了曙光。

我们决心陪女儿打赢这场艰难的心灵之战，将她从"空心病"的深渊中奋力拉回。

点亮心灯：帮助女儿克服"空心病"

1.以爱破冰，叩开心扉——重建亲子信任

在心理老师的一番剖析后，我们如梦初醒，笃定重建亲子信任就是引领女儿挣脱"空心病"桎梏的关键。忆往昔，成绩宛如一把

高悬于头顶的利刃，家庭中的每一次对话都围绕着它，也都被其搅得鸡飞狗跳，女儿的心门在这般沉重的压迫之下，严严实实地关闭起来。

痛定思痛，我们先是果断地对周末日程进行"大手术"，停掉了女儿大部分繁重的补课安排。要知道，此前那些连轴转的补习课程，已然榨干了她对生活的热情。

如今，我们每周都雷打不动地预留出一整天专属我们的放松时光，要么奔赴江滩，在开阔的江畔绿地支起帐篷，摆上琳琅满目的水果和食物，开启欢乐的野餐模式；要么走进剧院，看一场她心仪的脱口秀演员的演出，在诙谐幽默、针砭时弊的段子里，笑得前仰后合。

晚餐时分，我们彻底告别了成绩话题这一"紧箍咒"。我和老公有时讲起自己因粗心大意导致文件疏漏，有时聊起楼下新开了家面包房。刚开始，女儿只是木然地嚼着饭菜，眼神飘忽不定，对我们的话题不过是冷淡地敷衍几句。但我们丝毫没有打退堂鼓，源源不断地向她输送生活里那些新鲜的、满是烟火气的琐碎温暖。

慢慢地，女儿的目光仿若有了温度，开始和我们交流起来，兴致勃勃时，还会眉飞色舞地吐槽一下学校食堂饭菜如何寡淡无味。

为了帮助女儿学好"小四门"，我们也转变了学习思路，不再一味地强迫她，而是在网上找了很多推荐的纪录片，辅以适时的引导和讨论，逐步帮她搭建知识架构，助她重拾学习热情。

亲子关系也借此升温，女儿那扇紧闭的心门被缓缓推开。

2. 兴趣赋能，重拾热情——激发自我效能

心理老师提醒我："一定不能扼杀女儿的兴趣，要鼓励和支持

她。"我想起女儿小时候就喜欢玩过家家的游戏，一套厨房玩具就能玩好久，还可以给自己煎鸡蛋吃。

初一的时候，她仿照网上教程，给我们做了好几次甜品。但那时的我，每次都被事后混乱的厨房场景搅得心烦意乱，只觉与其这般劳神费力，倒不如花些钱去外头买现成的省心。而且女儿每次做一点东西都要用好几个小时，非常浪费学习时间，于是，我在不经意间，用几句埋怨的话，匆匆浇灭了她热情的火苗。从此以后，女儿再也没有进过厨房。

我决定听从心理老师的指导，支持女儿热爱烘焙的爱好。

我第一步就改造了一个整理柜，将其布置成一个小的烘焙天地，置办了女儿所需要的工具。当女儿看到时这些，喜悦的眼神难以掩饰。

每周五，他们放学比平时要早一点儿，我跟她说："今晚别做作业了，你自己去手工烘焙吧。"女儿钻进厨房，开启自己的闲暇时刻，也不再担心我们会说她浪费时间。不论是她做废了的饼干，还是做多了的蛋糕，我和老公都会当宵夜或者第二天的早餐，消灭干净。

女儿的蛋糕越做越好，在我过生日时，她还特意给我烤了一个草莓裸蛋糕。老公下厨做了几道大菜，我们一起开心地过了一个让我觉得最有意义的生日。

后来女儿经常拉着我去探店，去寻找灵感。她的生活热情被慢慢点燃，每一份甜蜜成果都是她击退"空心病"的印章。

3. 家校联动，引导正确面对压力

我特意预约与班主任老师长谈，将我们夫妻二人心态的扭转、

与女儿相处模式的剧变，每一处细节都毫无保留地与老师分享，旨在让老师洞察女儿在家的全新状态，为校内引导提供全面参考。

班主任老师先是凭借对班级学生性格的了解，精心调整座位，为女儿安排了一个热情开朗、积极乐观的同桌。这个孩子乐观豁达的处世态度，一点点消融了女儿心头堆积的社交坚冰，让她在日常互动中，慢慢卸下心理防线，重新拾回开怀大笑的能力。

学校还开展了主题班会、小组心理疏导活动，引导学生正确看待竞争，心平气和地接纳自身的不足。每当女儿流露出压力过大的苗头，老师总能第一时间察觉，或课后谈心舒缓焦虑，或巧妙调整学习任务量。我们在家也会同步配合，准备温馨的减压晚餐，组织轻松的家庭游戏，让她紧绷的神经及时松弛。

就这样，在家校持之以恒的协作护航下，女儿逐步掌握了应对压力的诀窍，心态也从消极逃避转向积极迎战。课堂上，她重拾自信，高高举起手发表见解；课后，活跃于社团活动，结交挚友；成绩曲线止跌上扬，稳步迈向优秀。更重要的是，女儿那曾紧锁心灵的"空心病"枷锁被彻底击碎。

如今，看着女儿重新焕发生机的模样，我感慨万千，这不仅是在拯救女儿，更是自己的一次成长蜕变。

视频：女孩和爸爸关系不好，
人生有 4 大困难

慢慢
心语

"妈妈活成一道光，孩子自然会追光而来。妈妈成长，才能引领孩子健康茁壮地成长。"

青春期的女儿冲妈妈喊出"妈妈，我恨你"时，那恨意背后的绝望，让我感同身受，心像被重锤击中。这反映出妈妈过去的育儿方式只顾"望女成凤"，而未照亮孩子的内心。

以前，父母精心规划女儿成长线路，全力将女儿送进重点学校。小学时女儿还配合，初中"小四门"的压力骤增，厌学、成绩下滑现象接踵而至。父母苦劝无果，亲子关系紧张，学校里闺蜜的冷落、老师的误解，更是让女儿情绪崩溃，陷入焦躁状态。

眼见女儿作息颠倒、社交混乱、成绩下滑，父母各种方法都试过了，包括制订学习计划、限制电子产品使用时间，却处处碰壁，无奈求助于我。我剖析根源，14 岁的青春期本就存在激素波动，加之外界与家庭对成绩的重压，让女儿患上"空心病"，自我价值全系在成绩上，一旦波动便陷入绝望。

幸运的是，母亲及时觉醒，并开启了自我成长的救赎之路。她以爱破冰，停掉对孩子繁重的补课，安排亲子放松时光，分享日常趣事，借助纪录片辅助学习，逐步重建亲子信任，使女儿的心扉慢慢打开；支持女儿烘焙，改造橱柜，共享甜蜜成果，让女儿热情重燃；和班主任沟通，调整女儿的座位，内外协作帮女儿应对压力，让自信回归。

作为心理咨询师，不仅要解决问题，更要让妈妈明白她成长的力量。当妈妈成为光，洞察孩子内心，给予滋养，孩子自会追光前行。

第三篇

育儿育己，

打造真正

觉醒的家庭

16

当我学会了"三高"教育，孩子越来越自律，学习越来越主动

焦虑之渊：女儿学习陷入困境

作为一名 14 岁女孩的妈妈，我曾经以为，只要给孩子提供物质上的满足和基本的关爱，她就能顺利地成长、成才。然而，现实却给了我重重一击，让我深刻地认识到，教育孩子并非如此简单。

在女儿上小学的时候，我和大多数家长一样，主要关注的是她的生活起居和学业成绩。那时候，女儿的成绩还算过得去，虽然不是名列前茅，但也能跟上教学进度。我每天的任务就是确保她按时完成作业，给她准备好一日三餐，然后在课余时间送她去各种兴趣班。

与小学对口的初中不太好，我们便动用了自己能找到的资源，交了不菲的择校费，把孩子送进了一所不错的学校。

我自认为是一个尽职尽责的妈妈，殊不知，我忽略了孩子成长过程中最重要的东西——内心世界的构建和学习习惯的培养。

女儿上初中后，一切都发生了变化。

随着课程的增多和学习难度的加大，她逐渐有些应接不暇。她

的成绩开始下滑，尤其是数学这门学科，她感到学起来非常吃力。我看着她的成绩单，心中充满了焦虑和担忧。我开始对她的学习进行更加严格的监督，每天晚上坐在她旁边，看着她做作业，一旦发现她有错误或者不认真的地方，就立刻指出来并严厉批评。为了让她尽快跟上班级教学进度，我专门找了一位教学经验丰富的老师给她一对一补课。我以为这样可以让她警醒，从而更加努力地学习。

然而，我错了。

女儿对我的监督和批评产生了强烈的抵触情绪。她变得越来越沉默寡言，每天放学回家后，总是拖着不愿意做作业，即使坐在书桌前，也是心不在焉，一会儿摆弄铅笔，一会儿发呆。她的注意力变得越来越差，学习效率极低。原本一个小时就能完成的作业，她常常要磨蹭到两三个小时。而且，她对学习的兴趣也在逐渐丧失，一提到学习就满脸厌烦。

有一次，她在做数学作业时遇到了一道难题，我在旁边看了一会儿，忍不住批评她："这么简单的题都不会做，你上课到底有没有认真听讲？你看看你，最近成绩下滑得这么厉害，还不知道努力！"女儿听了我的话，眼眶泛红，委屈地说："我就是不会嘛，你总是骂我，我更不想学了！"说完，她就把笔一扔，趴在桌子上哭了起来。看着她伤心的样子，我心中一阵刺痛，但又不知道该如何是好。

探寻曙光：遇见"三高"教育理念

因为学习，我们母女关系闹得非常不愉快，但我还是没有放松对女儿的监督。我认为本来就跟不上学习进度了，如果再不管，那就会更加糟糕了。

可越是到后面，我发现女儿的问题就越多。

首先，她根本无法专心学习。每天做作业还不到半个小时，要么就说做完了，要么就一会儿上厕所，一会儿吃东西，一会儿说累了要休息。

注意力不集中，学习效率自然就不高。女儿每天放学回来吃完饭，晚上磨蹭到八点才打开书包，别人一个小时就能完成的作业，她至少要做三个小时；每天都睡得很晚，第二天精神不好，形成了恶性循环。

学校的课排得很满，每天都有新知识需要学习、理解，女儿不会的题目越积越多。我要她不要轻易放弃，要积极赶上来。

女儿听到我说这种话就烦，破罐子破摔地说："不会就不学了！"气得我对她又是一顿训，生怕她真的不学了。

我一直认为，只有考上了省级名高中，才能考上一所好大学。普通高校的学费贵暂且不说，这以后出来哪还能找到好工作？

焦虑之下，我不由得对孩子的要求更高了。我要求她每天除了完成老师布置的作业外，必须把所有该背的背给我听。

我希望能通过合理安排时间，让孩子有紧迫感，但没想到的是，女儿开始彻底摆烂，最后连学校的作业都懒得做了。

其次，我们的关系也降到了冰点。我每天既要上班，又要管她的学习，整个人特别焦虑，睡眠严重不足，身体也快垮了。我跟她讲道理，说"做人要有上进心"。

女儿崩溃大哭，大喊道："你要再逼我，我就去死！活着真的是太不开心了，我什么时候能去死！"

直到有一天，我看到女儿手腕上用圆规划的深一道浅一道的印子，我才真的慌了神。再加上最近新闻也报道了好几起中学生因为压力大而跳楼的事件，我害怕如果继续这样下去，女儿会承受不了压力，做出极端的举动。

我更加焦虑了。

破茧成蝶：助力女儿走向自律

就在我焦虑万分不知道该怎么办时，经过多方打听，我联系上了一位资深的青少年心理咨询老师，向她请教，像我们这样的情况到底该怎么办？我要怎么做才能把孩子的成绩提上来？

听了我的担忧后，心理老师告诉我，培养孩子热爱学习的心，比获得一时的分数更重要。

一个孩子只有内心自发地热爱学习，才会持久。真正的自觉，是不管有没有家长、老师的监督，都能够自主安排学习，不需要靠惩罚或者奖励。美国心理学家爱德华·L.德西和理查德·M.瑞安提出的"自我决定论"认为，所有人都有三个最基本的心理需要：自主需要、胜任需要、归属需要。这三种需要恰好是孩子获得内驱力的关键。

心理老师告诉我，很多家长在引导孩子学习的过程中，往往用了责骂、说教、管控等错误的方式，忽略了只有内心真正放松的人，才能够持续和学习产生深度的联结。

实际上，想要孩子学习越来越好，就需要让孩子在学习上感受到"我可以做到"的成就感。

要想达到这个效果，家长就要明白，培养孩子的目标不是以分数来评判，而是看孩子是不是"三高"学生，即高安全感、高自信、高上进。

我把我是如何在心理老师的指导下，通过这三个维度，帮助孩子越来越自律，培养她的自觉性的成功经验分享给大家。

1. "高安全感"：构筑孩子心灵的避风港

高安全感是孩子健康成长的基石。在孩子的世界里，无论他们成功还是失败，无论他们表现得优秀还是差劲，他们都需要知道自己是被无条件地爱着和接纳着的。只有在这种充满安全感的环境中，孩子才能放下心中的顾虑，勇敢地去探索世界，去面对学习和生活中的挑战。

于是，我开始改变自己与女儿的相处方式。以前，我总是以成绩来评判她的价值，当她成绩好的时候，我就会对她笑脸相迎，给予各种奖励；当她成绩不好的时候，我就会满脸失望，对她进行批评和指责。这种有条件的爱让女儿感到非常不安，她不知道自己在我心中到底处于什么样的位置。现在，我学会了无条件地爱她，无论她的成绩如何，我都会告诉她："你是妈妈最爱的女儿，你的价值不是由成绩决定的。妈妈会一直陪伴在你身边，支持你，鼓励你。"

每天晚上，我不再只是关注她的作业完成情况，而是和她一起聊天，倾听她在学校里的点点滴滴。她会跟我分享她和同学们之间的趣事，也会向我倾诉她在学习上遇到的烦恼。我会认真地听她说话，给予她回应和建议，让她感受到我对她的尊重和关心。

有一次，女儿在学校里和好朋友发生了矛盾，心情非常低落。她回到家后，哭着把事情的经过告诉了我。

那一刻我非常开心，我很感动女儿能把自己的心事与我分享。我轻轻地抱着她，安慰她说："宝贝，别伤心。朋友之间偶尔发生矛盾是很正常的，你可以试着去和她沟通，把你的想法和感受告诉她。如果她真的是你的好朋友，她会理解你的。无论结果如何，妈妈都会在这里支持你。"

　　在我的安慰下，女儿的情绪逐渐稳定下来。她主动去找那个好朋友化解了矛盾，两人关系也变得更加亲密了。

　　除了情感上的支持，我还在生活中给予她更多的自主权。以前，我总是为她安排好一切，从她穿什么衣服到吃什么东西，我都要干涉。现在，我会尊重她的选择，让她自己决定一些事情。比如，周末的时候，我会让她自己安排时间。以前我总认为玩剧本杀浪费时间，还会学坏。我试着自己参与了一次后，发现有很多乐趣，就再也不阻止女儿了。我发现，当我给予她自主权后，她变得更加自信和独立了，也更加愿意和我分享她的想法和计划了。

　　在学习方面，我也不再给她过多的压力。我不再要求她必须考到多少分，而是鼓励她尽自己最大的努力就好。当她遇到困难时，我会和她一起分析问题、寻找解决问题的办法，而不是一味地批评她。

　　有一次，女儿在英语考试中成绩不理想，她拿着试卷非常沮丧地回家。我没有像以前那样责备她，而是和她一起坐在书桌前，仔细分析试卷上的错题。我发现，她在阅读理解和写作方面存在一些不足。于是，我帮她找了一些相关的学习资料，和她一起制订了学习计划。我告诉她："宝贝，一次考试成绩不好并不代表什么，只要我们找到问题所在，努力改进，下次一定会进步的。妈妈相信你！"在我的鼓励下，女儿重新振作了起来，按照学习计划认真学习。在下次的英语考试中，她的成绩有了明显的提高。

　　通过这些方式，我为女儿构筑了一个充满安全感的心灵避风港。

她知道，无论在外面遇到什么困难和挫折，家永远是她最温暖的港湾，父母永远是她最坚强的后盾。在这种安全感的支撑下，女儿的心态逐渐变得平和，不再像以前那样焦虑和紧张。她开始更加积极地面对学习和生活，也愿意主动去尝试一些新的事物。

2."高自信"：赋予孩子腾飞的羽翼

自信是孩子走向成功的关键因素。一个充满自信的孩子，会敢于面对挑战，勇于尝试新事物，在学习和生活中也会更加积极主动。

然而，以前我的一些行为却在不知不觉中打击了女儿的自信。

我常常会拿女儿和其他孩子比较。**看到别的孩子成绩优秀、才艺出众，我就会忍不住对女儿说："你看看人家，学习那么好，还会那么多才艺。你怎么就不能像人家一样呢？"我以为这样可以激励她努力学习，却没想到，这种比较只会让她感到自己处处不如别人，从而产生自卑心理。她开始对自己失去信心，觉得自己无论怎么努力都无法达到我的期望。**

为了帮助女儿重建自信，我首先停止了拿她和别人比较的行为。我告诉她："你是独一无二的，你有自己的优点和特长。不要总是和别人比，只要和自己比，每天进步一点点就好了。"我开始用心去发现女儿的闪光点，并及时给予她肯定。

女儿虽然在学习上不是特别突出，但在绘画方面很有天赋。她的画作常常充满想象力和创造力，色彩搭配也非常漂亮。我把她的一些画作装裱起来，挂在客厅。每当有客人夸奖这些画作时，我都会自豪地说："这些都是我女儿自己画的，她很有绘画天赋呢！"女儿听到这些赞扬，脸上洋溢着自信的笑容。她也因此对绘画更加热爱，经常主动去参加一些绘画比赛和活动。

在学习上，我也开始注重鼓励她的努力和进步。以前，我总是只关注她的成绩，而忽略了她在学习过程中的付出。现在，我会关注她每一个小小的进步。比如，她在数学作业中做对了一道以前总是做错的难题，我会惊喜地对她说："宝贝儿，你太棒了！这道题你以前总是做不对，现在居然做对了，说明你最近学习很努力，思维能力也提高了。"她在语文作文中运用了一个新的好词好句，我也会及时表扬她："你这个词用得真好，让这篇作文增色不少。你平时一定读了很多书，积累了不少词汇吧。"这些鼓励的话语让女儿感受到自己的努力得到了认可，她的自信心也在逐渐增强。

为了进一步提升女儿的自信，我还会给她一些适当的挑战，并和她一起克服困难。有一次，学校组织科技小发明比赛，女儿对这个比赛很感兴趣，但又觉得自己没有经验，不知道该怎么做。我鼓励她："没关系，我们可以一起学习。你有很多新奇的想法，这也是你的优势。"我和她一起查阅资料、购买材料，在制作过程中遇到问题时，我会引导她思考解决办法。最终，女儿制作出了一个简单但很有创意的小发明，并在比赛中获奖。这次经历让她深刻地认识到了自己的能力，她的自信心也得到了极大的增强。

在"高自信"的培养下，女儿不再像以前那样畏缩不前，而是敢于主动去追求自己的目标。她相信自己有能力做好很多事情，这种自信也延伸到了她的学习中。她开始主动思考问题，积极回答老师的提问，遇到困难时也不再轻易放弃，而是努力寻找解决办法。

3."高上进"：点燃孩子内心的进取之火

"高上进"是孩子不断成长和进步的动力源泉。一个有上进心的孩子，会对知识充满渴望，会不断努力提升自己。

之前女儿对学习缺乏明确的目标和内在动力，只是被动地完成老师和家长布置的任务。

为了激发女儿的上进心，我和她一起制订了明确的学习目标和计划。我们根据她的实际情况，设定了短期目标和长期目标。短期目标是在本学期内，将数学和物理成绩提高到班级平均水平；长期目标是在中考中取得优异的成绩，考入理想的高中。为了实现这些目标，我们制订了详细的学习计划，包括每天的学习时间安排、学习内容和复习方法等。

我还通过讲述一些励志故事，并带女儿看奥运比赛来激励她。我告诉她："宝贝，只要你有梦想，并为之努力奋斗，就一定能够实现。"这些运动员的故事让女儿深受触动，她开始思考自己的未来，也有了自己的梦想和追求。

女儿对阅读很感兴趣，我就鼓励她多读书，并和她一起分享读书心得。我们会定期去图书馆借书，阅读各种类型的书籍，包括文学名著、科普读物、历史传记等。通过阅读，她不仅开阔了视野，还提高了语言表达能力和思维能力。在阅读过程中，她会遇到很多不懂的问题，这时候我会引导她去查阅资料，深入探究。这种自主学习的过程让她感受到了学习的乐趣和成就感，也进一步激发了她的上进心。

为了让女儿更好地了解自己的学习情况，我还教她学会自我评估。每个月，我们都会一起对她的学习进行一次总结和评估。她会回顾自己这个月的学习内容和学习方法，找出自己的不足之处，并制订改进计划。通过自我评估，她能够及时发现问题并解决问题，不断调整自己的学习策略，从而提高学习效率。

在"高上进"的激励下，女儿学习的热情空前高涨。她不再满足于完成作业，而是主动去拓展自己的知识面，学习一些课外的知识和技能。她每天都会早起背单词、读课文，晚上做完作业后还会主动做一些练习题或者阅读课外书籍。她的学习成绩也在不断进步，从原来的中下游水平逐渐上升到了班级的中上游水平。

正是由于我理念的转变，女儿在短短几个月内发生了翻天覆地的变化，从一个厌学、缺乏自信、没有上进心的孩子，变成了一个越来越自律、学习主动、充满自信和上进心的少女。

回顾这段教育历程，我深刻地体会到："高安全感"让孩子在爱的环境中成长，让他们有勇气去面对一切；"高自信"让孩子相信自己的能力，敢于追求自己的梦想；"高上进"让孩子不断努力，追求卓越。这三者相辅相成，缺一不可。

作为家长，我们不能只关注孩子的成绩，从而忽视了他们内心世界的构建和综合素质的培养。我们要学会尊重孩子、理解孩子、鼓励孩子，为他们提供一个充满爱和支持的成长环境。只有这样，我们的孩子才能适应多变的世界。

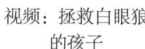

　　"任何一种教育现象，孩子在其中感受到教育者的意图越少，教育效果就越明显。"这对母女的故事，恰似一场触动心灵的教育叙事。身为心理咨询师，我沉浸其中，感慨万千。

　　女儿学习陷入困境，厌学情绪加重，亲子沟通不畅，让她的世界阴云密布。她曾满怀憧憬，却因不当的教育方式让女儿陷入泥沼。

　　求助心理老师后，妈妈的转变令人动容。她践行"三高"理念，用爱与智慧呵护孩子成长。

　　营造"高安全感"，她抛开对成绩的执念，耐心倾听女儿的心声，给予温暖回应；生活中尊重孩子的选择，给予自由。这背后是母亲的反思与期许，用爱悄然滋养着孩子的心灵。

　　培养"高自信"，妈妈变身"伯乐"。不盲目比较，而是去发掘女儿的闪光点，以热情驱散自卑；陪孩子挑战，困难时坚定鼓励，让自信扎根于孩子心底。

　　激发"高上进"，妈妈如领航员，与孩子定目标、做计划、讲故事、看赛事，点燃孩子进取之火，传递拼搏信念；鼓励孩子阅读、引导评估，见证孩子完成从被动去做到主动求知的蜕变。

　　这一路，妈妈蜕变，孩子成长，震撼人心。对其他家长来说，这就是"成长宝典"。教育应润物无声，少指令，多倾听；少攀比，多肯定；少包办，多放手。愿家长汲取力量，为孩子撑起一片蓝天。

17 我做了三件事，解决了儿子的"躺平摆烂"

儿子陷入"躺平摆烂"危机

在育儿的路上，我这个全职妈妈可谓是经历了一场惊心动魄的"战役"。家中的男孩，如今读初中三年级，本应是充满朝气、积极向上的年纪，却被"懒散""拖延""不自觉"等问题缠身，让我操碎了心。

老公工作繁忙，加班、出差是家常便饭，教育孩子的千钧重担便稳稳地落在了我一人肩上。从清晨的第一缕阳光洒进房间，到夜幕深沉繁星点点，我就像一个永不停歇的陀螺，为孩子的衣食住行和兴趣班辅导忙得晕头转向。本以为随着孩子渐渐长大，我便能松一口气，重拾自己的兴趣爱好，甚至开启一份小小的事业。可现实却给了我沉重一击，儿子的表现让我心力交瘁。

或许是自幼被过度照顾、凡事包办过多，儿子养成了自由散漫的性子。每天，无论我怎样催促他写作业、吃饭还有洗澡，他总是不紧不慢，仿佛时间于他而言只是一个模糊的概念。每天我苦口婆

175

心地叮嘱他把学习用品检查好，可那话语仿佛一阵轻烟，刚飘进他的耳朵便消散得无影无踪。我忍不住数落几句，他便立刻皱起眉头，脸上浮现出不耐烦的神情，那模样就像一粒火种，瞬间点燃了我心中压抑已久的怒火。

学习上，他更是缺乏自觉性。现在已经是毕业班了，作业还非得我在一旁紧紧盯着，他才肯勉强坐下来动笔。倘若我不发火、不催促，他便心安理得地沉浸在手机世界里，对作业置若罔闻。即便坐在书桌前，他也是心不在焉，一会儿摆弄摆弄文具，一会儿发发呆，丝毫没有将学习放在心上。如此这般学习态度，成绩自然好不到哪里去。

每当看到老师在班级群里分享重点高中模拟分数段时，我的心中便涌起一股强烈的羡慕之情，多么希望自己的孩子也能成为其中的一员啊！

于是，我绞尽脑汁，试图改变这一现状。我苦口婆心地给他讲道理，希望他能明白学习的重要性；我精心设立惩罚机制，期盼能以此约束他的行为，让他变得自觉一些。然而，无论我如何费尽口舌，儿子都无动于衷，依旧我行我素，没有丝毫改变。

因为儿子的学习问题，我陷入了深深的焦虑之中，内心积压了大量的负面情绪。这些情绪就像一颗随时可能引爆的炸弹，最终在与老公的相处中爆发，且引发了一场又一场激烈的争吵，使得我们原本和谐的夫妻关系变得空前紧张。

祸不单行，老公由于工作失误，签丢了一个大合同，今年的年终奖原本完全指望他，现在却泡了汤。家庭面临着前所未有的经济危机和压力，此外，每月还要为儿子支付各种不菲的补课费用，经济方面的负担愈发沉重。

可儿子带回来的成绩单，一次比一次令人失望，那一个个刺眼的分数，仿佛一把把利刃，刺痛着我们的心。老公的火气也越来越大，对着儿子严厉批评道："你要学就好好学，不学就别上学了！"对我也是诸多怨言，认为我全职在家，却连个孩子都教不好。儿子的学习成绩毫无起色，在学习上不自律不自觉，在他看来，都是我的失职。

那段时间，我感觉自己仿佛置身于黑暗的深渊，心力交瘁，整个人都快被抑郁的情绪吞噬。我常常在深夜独自思考，如果儿子能自觉一些，好好学习，那我的烦恼或许就能减少一大半。

眼看着儿子即将参加中考，我深知不能再沿用过去那种错误的教育方式。否则，以他目前的状态，不用说重点高中了，连普通高中都考不上。

探寻科学教育之道

于是，我开始反省自己过去的做法，通过各种渠道去学习能够提升孩子自觉性、自主性的教育方法。我在黑暗中摸索许久后终于瞥见一丝曙光，在不断学习的过程中逐渐明白——指望通过说教、指责、打骂就让孩子好好学习，这无疑是身为家长的我们，对教育理念存在的极为严重且根本性的误解。

孩子也不是真的想躺平、摆烂，而是在父母的不满意中逐渐丧失了自信，觉得做什么家长都不满意，干脆就不努力了。

青少年在成长过程中，身体、大脑的发育也影响着他们此刻的状态。

一方面，孩子的大脑正处于一个特殊且关键的发育阶段，其中负责对行为进行调控的"前额皮质",就像一颗正在缓慢发育、尚未完全成熟的果实。诸多科学研究均清晰地表明,前额皮质在整个大脑体系中占据着掌控自控力的核心地位,然而其发育的进程却犹如蜗牛爬行般迟缓。相关调查数据也确凿地显示,这一至关重要的前额皮质大约在人25岁时才能够完全发育成熟。所以,对于正处在成长过程中的孩子而言,他们内心时常涌现出的那种想随心所欲地去做任何事情、难以克制自身偷懒欲望以及缺乏自律性的表现,实际上只是大脑在发育过程中所产生的本能性冲动反应。这种本能的冲动其力量十分强大,根本不可能因为家长几句不痛不痒的"大道理"就如同施了魔法般瞬间消失。

另一方面,青春期的孩子受激素影响,情绪波动大,但更多地与"发生事件"相关。他们只有在有自主空间的前提下才会有好的情绪,如和好朋友在一起,放假的时候能做喜欢的事情。

当我彻底明晰这些隐藏在孩子行为背后的奥秘之后,心中曾经针对儿子所积攒的那些不满情绪、厌恶之感甚至是带有一丝"怨恨"的负面情感,就好似被一阵轻柔的春风瞬间吹散,消失得无影无踪。回想起过往的日子,我就像一台永不停歇的复读机,总是在儿子耳边不停地念叨着要自觉、要自律。每当他未能达到我的期望、无法做到这些要求时,我便会立刻开启数落、责骂的模式,言辞犀利地指责他,与其他表现优秀的孩子之间存在着巨大差距。可我却从未真正深入地思考过,对于任何人而言,自觉自律都绝非是一件轻而易举的事情,它实际上是一场需要与人性深处的本能欲望进行艰苦卓绝、顽强不屈对抗的漫长战役。即便是在心智已然成熟的成年人的世界里,也有相当多的人无法做到在自觉自律方面尽善尽美。

学习了这些知识后,我就在心理老师的指导下,开启了我全面转型为"高认知父母"的旅程,做青春期孩子成长之路上的心灵朋友。

心理老师帮我制定了三个行之有效的步骤，在这里与各位家长分享。

助力儿子走向自觉自律

1.深度沟通：搭建心灵的桥梁

孩子不会无缘无故地选择躺平、摆烂，其背后必定有诸多不为人知的困扰。我们做父母的首先就是给孩子创造一个宽松、信任的氛围，让孩子能够毫无顾忌地倾诉心声。

心理老师给我讲了三个大方向：

（1）耐心倾听：走进孩子的内心世界；

（2）坦诚表达：传递家长的真实情感；

（3）合力探索：寻找走出困境的方向。

青春期的孩子在成长过程中，情绪变化快，我所说的话、灌输的道理，他根本不愿意听，也听不进去。在学校一天已经很累了，回到家只想安静一会儿，可我白天都是一个人在家，孩子回来后，我就想忙碌起来，想通过各种形式的互动和儿子产生连接。每当看到儿子拖延磨蹭、消极对待学习的态度，我便怒火中烧，怎么看他都不顺眼。训斥、责骂成了我与他日常相处的常态，而这种方式严重破坏了我们之间的亲子关系。他甚至希望我能够出去上夜班，放学了，就不用见到我了。听到儿子的话，我的心仿佛被泡在冰水中，拔凉拔凉的。

通过学习，我了解到，青春期孩子有 10 个特点，心理老师把它们总结为"四怕六要"，分别是：**怕被批评、怕被比较、怕被瞧不起、**

怕承担责任；**要独立自由、要朋友、要幸福感、要自信、要价值感、要成就感。**

儿子的不自觉、不自律并非他的缺点，而是他成长过程中的一个必经阶段。青春期的孩子身心发展既具有儿童的特点，又具有成熟期的特点，处于半幼稚、半成熟状态。

所以，做父母的必须要弄清楚：孩子呈现出来的样子，正是青春期本来的样子，而不是他故意这样的。

许多孩子之所以不自觉、消极被动，很大程度上是因为他们遭受了过多的指责和打击，从而产生了强烈的自我保护意识。例如，当孩子上学磨蹭、学习拖延时，家长在旁边不停地催促、嘲讽，可结果往往是越说孩子越慢，越不自觉。这是因为，**相较于成年人，孩子自身的节奏本就较慢，但家长总是从成年人的视角去评判孩子的行为，这无疑给孩子带来了许多负面的感受，使他们逐渐丧失了主动性。**

随着大脑的发育，孩子会慢慢学会自我调控的能力。所以，我必须放下心中那焦虑的情绪，给予孩子更多自我安排的空间。

每到周末放假时，我不再像以往那样不停地催促、安排儿子写作业，而是安排了我们的家庭聚会日。我买了很多户外用品，一到周六就带上儿子，带上家里的小狗出去露营。

一开始，儿子很不适应，觉得我的转变是不是有目的的，问我是不是又要给他报什么辅导班。

我温柔地告诉他："真的不是。过去妈妈总对你的生活日常大包大揽，没有意识到你已经长大了，可以有自己的安排，学习也是你自己的事。以后妈妈只提建议，一定听你的。"

渐渐地，儿子感受到我态度的转变，在我面前不再有那种害怕被指责说教的紧张感，变得安全而放松。每周六，我们抛下繁重的学业，在户外玩一整天，我有时候烤肉，有时候煮火锅，有时候炒麻辣香锅，变着花样搞户外野餐；儿子和爸爸打羽毛球、骑自行车、打扑克，困了就在帐篷里睡上一觉。

我惊喜地发现，他的情绪明显变得轻松愉悦了许多。自己安排的事情，做起来也更加专注，效率也有了极大的提高。我们在户外轻松的环境里开怀畅聊，也深入了解了孩子在学习和人际关系方面所面临的问题。

沟通的关键在于共同寻找解决问题的途径。我们与孩子一起分析问题，激发孩子的思考能力，让他参与到解决问题的过程中来。他自己主动提出来，每天早上早起30分钟背诵英文单词和语文课文，把周六时间完整地空出来玩，周日再全力复习这周的学习内容。

如此一来，我不仅减少了许多不必要的操心，亲子关系也逐渐变得融洽和谐。在共同探讨的过程中，他也逐渐意识到自己并非孤立无援，而是有能力与我们一起改变现状，重拾对生活、学习的信心。

2. 激发动力：点燃内心的引擎

我以前是个语言很贫乏的妈妈，但我并没有意识到。我经常会说"好好学习，考进前15名，重点高中就稳了""你要努力"等，通过心理老师的指导我才明白这些话对孩子来说太过抽象，他根本没有体验感，全凭自己想象，自然也就不知道怎么做。

心理老师教我用三个步骤，一步步引导孩子自主学习：

（1）兴趣挖掘：兴趣就是最好的老师

每个孩子都有自己独特的兴趣爱好，这是激发他们内在动力的宝贵资源。我们作为家长，要善于发现孩子的兴趣，并巧妙地将其与学习相结合。

儿子特别喜欢打篮球、看篮球比赛，还专门有个笔记本记录他喜欢的球队的所有比赛结果。我们一起上网查资料，把篮球的弹性和物理学中的力学原理，篮球运动员的投篮命中率和数学中的角度、抛物线等相关知识统统梳理出来，以帮助儿子更好地理解书本上的内容。慢慢地，儿子发现这样学习很有趣，还充满了挑战。

（2）目标设定：绘制前行的路线图

明确的目标能够给孩子提供方向和动力，家长要协助孩子制订合理的目标，让孩子在追求目标的过程中逐渐找回自信和动力。

在一次家庭会议上，爸爸对儿子说："儿子，我们一起来制订一个学习目标吧。你觉得这学期你在英语学科上想要达到什么样的成绩呢？"儿子想了想，说："我想把英语成绩提高 20 分。"爸爸点了点头："这个目标很不错，但是我们要把它分解成一个个小目标，这样更容易实现。比如，你可以先设定每周背诵多少个单词、做多少篇阅读理解，每个月进行一次模拟考试，看看自己的进步情况。"儿子认真地记录着爸爸的话，说："好的，爸爸，我明白了。我会按照这个计划去努力的。"爸爸又说："除了学习成绩，你在其他方面也可以设定一些目标哦。比如，你不是喜欢篮球吗？你可以设定一个目标，在本学期内学会一项新的篮球技巧。"儿子眼睛一亮："好啊，我要学会后仰跳投。"

（3）激励强化：为孩子的努力喝彩

孩子在努力摆脱躺平、摆烂状态的过程中，需要得到家长的认可和鼓励。家长要及时发现孩子的进步，并给予恰当的反馈，让孩子感受到自己的努力是有价值的。

我开始用一双"发现的眼睛"去看待儿子，积极鼓励他、信任他，帮他重新找回成就感。

一个月后，儿子在英语考试中取得了一些进步，虽然没有达到提高 20 分的目标，但也比上次考试提高了 10 分。我看到成绩后，开心地对儿子说："你太棒了！你看，你这段时间的努力没有白费，英语成绩提高了不少呢。你在单词背诵和阅读理解方面都做得很好，继续保持哦。"他脸上露出了自信的笑容："妈妈，我会继续努力的，下次我一定能达到目标。"这种积极的反馈就像阳光雨露，能够滋养孩子的自信心，让他感受到自己的努力得到了重视和认可，进而更加坚定地朝着目标前进，不断激发自身的内在动力。

3. 环境塑造：营造成长的港湾

看着孩子一步步朝着正轨前进，我们夫妻俩由衷地高兴，不再像过去一样为了一点鸡毛蒜皮的小事而吵架。听从心理老师的建议，我也在小区物业找了一份文职工作，早上 8 点半上班，下午 5 点半下班，不耽误给孩子做饭。同时我还有了自己的社交圈子，也不再什么都围着儿子转，整个人轻松了不少。我继续按心理老师当初制订的计划一步步经营着我们这个小家。

（1）规律作息：打造健康成长的基石

良好的作息习惯对于孩子的身心健康和学习效率有着至关重要的影响。我们帮助孩子制订了合理的作息时间表，确保孩子每天能够获得充足的睡眠。一般来说，青少年每天至少需要 8 小时的睡眠时间，充足的睡眠能够让孩子的大脑和身体得到充分的休息，提高第二天的学习专注力和记忆力。每天最晚 11 点，全家就熄灯，我们也做好榜样，不玩手机，一起养成好的睡眠习惯。早上 6 点闹钟一响，我就起床给孩子做早饭。他晚一点起来吃完后，爸爸送他去上学，我在家收拾好厨房就去上班。明显感受到我们家每个人的状态都好起来了。

我在网上自学了不少菜谱，合理搭配，营养均衡，孩子都调侃我说："自从妈妈上班后，咱家伙食都肉眼可见地精致了起来。"

（2）减少外界干扰：构建纯净的学习空间

在当今数字化时代，电子设备如手机、电脑、平板等在为孩子的学习和生活带来便利的同时，也成了诸多干扰因素的源头。许多孩子沉迷于网络游戏、社交媒体、短视频等，花费了大量时间在虚拟世界中，严重影响了学习和身心健康。

我们跟孩子商量好，平时上学期间都不玩手机，周五晚上放学回来，我把平板、手机主动交给孩子，绝不干涉、啰唆，等周六晚上睡觉时再收回来，让孩子实现一整天完全的自主。这就是心理老师教我的"1361 法则"。

一开始，孩子还会跟我软磨硬泡，但我都按老师说的，温柔坚定地接纳孩子的情绪，并且反复承诺，一到周五放学就给他，不管他玩什么、几点睡，我都不干涉。经过几周的反复拉扯后，孩子也适应了这个安排，并且确认我在他玩手机时不会唠叨。

我们自己也推掉了不必要的应酬，没事的时候就在家看书、做美食、整理家务，尽量让自己的心平静下来，缓慢过上柴米油盐的日子，给孩子提供安宁的家庭环境。

（3）提供学业支持：助力孩子学习进步

我也开始注重和同龄的妈妈多交流，打听她们在哪里报的辅导班，有没有好的网络教学资料，自己先帮孩子做一遍筛选。当孩子通过一个个小目标的实现，获得了及时的反馈和满足感，体验到最终完成一件事的成就感时，他便自然而然地进入了一个培养自觉性的良性循环之中。**一旦孩子自身的成长动力系统被成功激**

活并运行起来，那些原本需要家长费尽心力才能推动的事情，就会变得轻而易举。

经过三个月悉心的陪伴，儿子发生了脱胎换骨的变化，我终于在老师的表扬名单上看到了儿子的名字，那一刻，我心中的喜悦和欣慰难以言表。

陪伴儿子从"摆烂躺平"到自觉自律的这段历程，让我深深体会到，这个世界上既没有完美的孩子，也没有完美的父母。孩子的成长之路其实也是我们家长的成长之路。孩子的成长之路并非一帆风顺，他们需要家长的陪伴与引导，就像船只在航行中需要灯塔的指引一样。家长就是孩子成长道路上最温暖、最可靠的灯塔，照亮他们前行的方向，帮助他们穿越风雨，驶向成功的彼岸。

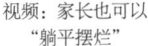

视频：家长也可以
"躺平摆烂"

慢慢
心语

　　"一个人从小所受的教育，决定了他后来的方向。"

　　父母不仅是孩子的引路人，更是他们的成长伙伴。教育的真谛，或许就在于父母与孩子携手同行，共同面对人生的风雨。

　　教育是一场漫长且复杂的旅程。作为父母，我们常常陷入焦虑中，尤其当孩子呈现不自觉、不努力的状态时，常感到无力和焦虑。然而，这个案例也说明了，教育的核心始终是理解与陪伴，而非简单的指责与压迫。

　　孩子并非故意"躺平"，他们正经历复杂的身心变化。青春期的孩子，大脑尚未完全发育成熟，情绪波动和自控力不足，使得他们常常无法控制自己的行为。我们不能以成人的标准要求他们，甚至对他们的每一次不自律感到失望。相反，我们应理解背后的原因，给予他们更多的宽容，帮助他们走出困境。

　　每个孩子都有自己的节奏。作为父母，我们应关注孩子成长过程中的点滴进步，而非单纯地只关注结果。妈妈从焦虑中走出来，开始关注孩子的内心世界。通过沟通，和儿子之间的关系逐渐变得和谐，他也开始主动承担责任，学会自我管理。

　　教育的力量并不来源于强迫，而是来源于父母与孩子之间的理解与信任。每一份共同的努力，最终汇聚成孩子内心的动力，帮助他们走向更好的未来。

18

当我开始"躺平",反而改掉了儿子厌学的毛病

家有学子初长成,我满心都是憧憬。当儿子踏入小学的那一刻,我迅速化身"领航员",精心规划着他的求学航线:选教辅、盯作业、找名师,事事亲力亲为,一心要为他扫清成长之路上的障碍。可世事难料,本以为是坦途的求学路,竟在儿子初中时毫无征兆地冒出棘手难题——厌学。

倾尽全力铺就求学路,却遇厌学拦路虎

儿子小学时成绩还算不错,虽说不上是名列前茅的尖子生,但一直稳稳地处于中上游水平,学习上也没让我多操心。那时候,每天放学看着他背着小书包,一蹦一跳地从校门口出来,满脸朝气,我很欣慰。

眨眼间,小学毕业的关口就到了,升学的难题沉甸甸地压在心头。我们小学对口的初中教学质量着实有限,师资力量薄弱,每年

考上重点高中的学生只有极少数。一想到孩子的未来可能会因为一所不理想的初中而被耽误，我心急如焚。

为了能给儿子争取到更好的教育资源，我四处托关系把他送进了一所重点初中。刚入学那会儿，儿子明显被重点中学浓厚的学习氛围感染了，学习劲头十足。每天清晨不用我催促，早早起床背单词；放学后主动钻进书房，认真完成作业，还会额外做些拓展练习题。

第一次期中考试成绩出来，他的名次相当亮眼，排在了班级前20名，各科老师都对他赞赏有加，说这孩子基础扎实、脑子灵光，得好好培养，将来准能考上重点高中。

或许是长久紧绷的神经难得放松，又或许是青春期贪玩的天性被点燃，寒假我们全家外出旅游一趟后，回来一切都变了。

儿子像是脱缰的野马，心突然野了起来。开学后，他对学习完全没了往日的热情，上课频频走神，课本空白处画满了游戏角色；作业更是敷衍了事，要么胡乱抄写答案，要么干脆不做；一回到家，就迫不及待地拿起手机，一头扎进游戏世界，喊他吃饭都得三催四请；跟他谈学习，他要么充耳不闻，要么不耐烦地摔门回屋。

起初，我还耐着性子苦口婆心地劝，跟他讲学习的重要性、未来的竞争压力，特别是这学期结束还有"分班考"。可他左耳进右耳出，丝毫不见悔改。我没收手机、断了家里的网络，他就趁我不注意，跑去同学家玩游戏；给他报了课外辅导班，他却在课堂上呼呼大睡。眼见着他成绩呈断崖式下滑，我的焦虑与日俱增，家里的氛围也愈发紧张，原本温馨的亲子关系，仿佛被一层厚厚的阴霾笼罩。

学期末，学校要组织分班考试，这可是关乎孩子后续学习环境的关键节点。我心急如焚，满心期待儿子能收收心、努努力，好歹考出个看得过去的成绩，争取去重点班。可他呢，依旧每晚躲在被窝里，借着小台灯微弱的光，痴迷地看网络小说，一直到凌晨一两点，白天在课堂上昏昏欲睡。我苦劝无果，彻底爆发了。

那天晚上，看到他又捧着手机看得入神，作业扔在一旁，我积攒多日的情绪如决堤的洪水般倾泻而出。我冲过去一把夺过手机，狠狠摔在地上，对着他就是一顿劈头盖脸的数落："你看看你现在成什么样子了？学习一塌糊涂，整天就知道玩！马上要分班考试了，你要是考砸了，被分到普通班，以后可怎么办？"

儿子先是一愣，随即满脸涨得通红，瞪大双眼冲我吼道："你就知道学习、成绩，我每天压力有多大你知道吗？看会儿小说放松一下怎么了？你别管我！"

母子俩就这样你一言我一语，互不相让，大吵大闹了半个小时。

等情绪稍稍平复了，看着儿子满脸泪痕、倔强又委屈的模样，本就心烦意乱的我，焦虑瞬间缠绕心头——自己一味地强硬施压根本解决不了问题，只会把孩子越推越远。

思及此处，我满心焦急，只想快些寻个法子，拉孩子走出厌学的泥沼。

起初，我琢磨着找个考上重点高中的大哥哥来开导儿子，孩子之间交流没什么代沟，说不定三言两语就能说到他心坎里。于是，我赶忙联络熟人，好不容易联系上一位孩子的妈妈，约她见面详谈。

那天午后，我们坐在咖啡馆，我一股脑倾诉着儿子的种种问题，言语间满是无奈与焦灼。那位妈妈听得很认真，时不时点头附和，待我话音落下，她才轻声说道："我理解你的心情，可以让你儿子加一下我儿子的联系方式，让他们聊一聊。不过我家孩子之前在初中也闹过，我是找了一位心理老师，这才把问题解决了。那位老师专做青少年心理咨询，有方法，有耐心，经她点拨的孩子，大多都端正了学习态度，重回正轨。"

听到这话，我暗淡的眼眸瞬间亮起希望之光，便立即索要了这位老师的联系方式。

青春期"困压"矛盾激化，寄望心理老师破僵局

那些天，家里仿佛被阴霾笼罩，儿子和我之间隔着一层厚厚的坚冰。我满怀热情地希望孩子和我一起去见见心理老师，可只要一提及"心理帮助"这类字眼，儿子瞬间像炸了毛的刺猬，满脸警惕，撂下狠话："你要敢带我去看什么心理医生，就是觉得我有病，你这是要逼我死！"

见他抵触情绪强烈，我只能瞒着儿子，独自去找心理老师。初次见面，老师的眼神里透着让人安心的沉稳与温和，仿佛有种魔力，能抚平我心底的焦躁褶皱。知晓我的来意后，老师微微皱眉，轻声说道："青春期的孩子，心思既敏感又复杂，像你家孩子这般厌学，背后多半藏着多重压力源。你贸然带他来，他会觉得自己被当成'问题少年'，自然反感，这很正常。"

接下来的几次咨询，心理老师耐心地跟我剖析孩子的心理状况。她说，如今的孩子踏入重点中学，就像懵懂的小鹿闯进了"高手林立"的丛林，周围同学成绩斐然、多才多艺，他铆足劲儿追赶，却一次次被现实打击，挫败感深深扎根心底。课堂上，别的同学轻松抢答难题，他却在反复琢磨基础知识点；考试成绩一公布，差距赤裸裸地摆在眼前，长此以往，自信就被消磨殆尽。

谈及同学关系，老师神情凝重了几分："青春期的社交可不简单，暗流涌动。孩子们表面上嘻嘻哈哈，实则在暗暗较劲，小团体之间界

限分明。你家孩子要是性格内敛些、融入稍慢些，就容易被孤立。为了不显得不合群，他得时刻紧绷神经，佯装合群，这份社交压力可不轻。"

说到这儿，心理老师顿了顿，目光里满是理解，看向我说："而家长，往往是压垮孩子的最后一根稻草。我知道你是望子成龙，可过度期待就成了沉甸甸的枷锁。你紧盯成绩，时刻督促，孩子丝毫没有喘息的空间，以为自己怎么做都达不到你的要求，压力越积越多，越来越大，游戏、小说便成了他逃离现实的避风港。那些虚拟世界里，没有排名，没有攀比，能让他短暂寻得放松与慰藉。"

听着老师的一字一句，我眼眶渐湿，过往自己那些"为他好"的行径，此刻仿佛都成了伤人的凶器。

这些年，我事无巨细地操持家中大小事务，从衣食住行到学习成长，无一遗漏。每晚10点准时吼儿子上床，三餐时刻紧盯食量，作业全程监督催促，累到嗓音沙哑、精疲力竭，换来的却是儿子散漫的学习态度，还有青春期愈演愈烈的叛逆。老公不仅置身事外，还一味指责我过于严格，委屈、绝望将我层层包裹。

想到这些，我泪如泉涌，老师说："没关系，哭出来吧，难受就哭出来。你想想你也不开心，又累，孩子还跟你对抗。你这是为了什么呢？"

一语惊醒梦中人，我到底是为了什么呢？

如果仅仅是为了考上所谓的好学校，却体会不到过程中的成就感和快乐，就真的会有好的未来吗？

老师告诉我："孩子这时候最需要的，不是督促学习，而是理解、支持，要给他松绑，让他按自己的节奏成长。家长不妨往后退一步，'躺平'一些。你说他叛逆，拿他没办法，要不咱也当一回叛逆的中年人，用魔法打败魔法。"

"躺平"放手巧化危机，助力孩子自主成长

回家后，我试着按老师说的去做，收起了焦虑，不再唠叨，不再时刻紧盯他的一举一动。

1.闺蜜相伴，从疲惫主妇到洒脱自我

在我还有些手足无措时，朋友的邀约宛如一束微光，意外地拉我慢慢走出阴霾。

朋友的孩子刚考上重点大学，如今她把生活经营得有声有色，用运动、健身、旅行填满闲暇时光，快50岁的人了，浑身散发着朝气与活力。

步入羽毛球场地，望着身姿矫健、容光焕发的她，我很是羡慕。午餐间，朋友的一番真心话振聋发聩："你现在是妻子、妈妈、女儿，唯独不是你自己。人生不是要把所有的事情都抓在手上，而是要先爱自己。"

我惊觉，这些年被自己编织的焦虑之网牢牢束缚，眼中只剩家人的不足，却全然忘却自身需求。

午后，与朋友一拍即合，奔赴郊区爬山，夜晚在民宿惬意地荡秋千、围炉煮茶，全然沉浸于久违的闲适中。

老公来电询问时，我洒脱回应，发送定位与美食照片。儿子放学回家，外卖已送到位。那一刻，心头重负仿若被山间清风拂去，只剩悠然宁静。原来，抛开琐事，享受自我，竟如此畅快。

这一天，我让自己完全尽兴后才回家。进门发现，吃完的披萨

盒收拾得很干净，扔在了垃圾桶，没像过去那样往房间地上一扔。儿子正坐在书桌前，认真地做英语听力练习。

我心中大惊。

2. 意外之喜，见证成长

从那以后，我彻底改变策略，不再大包大揽、步步紧逼。

作息上，我不再硬性要求儿子晚上 10 点必须上床，偶尔晚睡一会儿，睡前还能跟他轻松唠几句，以增进亲子感情，他入睡反而更快、更香；吃饭时，不再逼他光盘，少了唠叨，儿子胃口大开；学习上，收起时刻紧盯的目光，作业是否完成也不再时刻催促，儿子被老师批评几次后，竟慢慢懂得自我约束，会主动完成作业，学习自主性逐渐提高。

与此同时，我努力降低对儿子的要求，不再执着于成绩、排名，转而用心捕捉他身上的闪光点。

老师向我反映儿子课堂纪律差，我不再火冒三丈，而是笑着对儿子说："老师夸你思维活跃、发言大胆呢，要是再把纪律遵守好，将来肯定不得了。"儿子眼中闪过惊喜与怀疑，不过很快，这份认可便化作动力，他开始有意识地克制自己，课堂表现愈发积极。

我也开始把更多精力放到自己身上，工作之余，投身运动、阅读、摄影，生活变得丰富多彩。随着我的改变，家中氛围愈发轻松愉悦，弥漫着松弛感。儿子像是被注入了一股无形的力量，学习愈发主动自觉，成绩稳步提升；老公受此感染，主动分担家务，一家三口的关系愈发亲密和谐。

3. 心理护航定制双优方案，唤醒儿子学习热情

与此同时，心理老师凭借专业且独到的眼光，深入剖析儿子的情况后，精心为他量身定制了一套全方位、个性化的学习与减压双优方案，每个细节都精准把控，直击孩子当前面临的痛点与需求。

在学习上，我们不再追求难题、偏题，而是帮他夯实基础，梳理知识框架，把大目标拆解成一个个小目标，让他每一次的努力都能看到成果。

我们按照心理老师建议的，找了几位学科老师，与儿子一道，把过往的试卷、作业翻了个底朝天，逐科梳理，逐题分析，用不同颜色的记号笔，醒目地标注出儿子知识掌握的不同程度——绿色代表驾轻就熟，黄色意味着似懂非懂，红色则是完全陌生的"雷区"。一番细致盘点，学习短板无所遁形。

紧接着，针对薄弱环节，全力夯实基础。拿数学来讲，每日清晨专门规划20分钟的"公式唤醒时刻"，督促儿子默写关键公式、重温经典例题，让基础概念牢牢扎根于心底；语文则聚焦字词积累，制作小巧精致、方便携带的词汇卡片，方便儿子上下学路上随手翻翻。

英语学科不再空泛地喊"提升英语水平"的口号，而是精准锚定"本月背诵必修一教材整册的单词，拼写、词义辨析准确率达到80%"的目标；物理学科则细化为"两周内吃透力学受力分析三大基础模型，配套练习题正确率超过80%"。

每攻克一个小目标，儿子便能收获心仪的奖励，或是酷炫的动漫周边产品，或是畅玩一场游戏。定期小测验就像阶段性的"成果验收"，儿子能直观看到努力后的分数提升，学习动力愈发强劲。

预习与复习环节，我同样规划得很周详。预习时，引导儿子巧用思维导图梳理新课知识架构，带着疑问进课堂，使听课效率大幅

提升；复习阶段，每周预留特定时段，将知识点串联整合，编织成条理清晰的"知识树"，让零散知识在脑海里牢牢"会师"，加强理解与记忆。

心理老师听说儿子年幼时对绘画十分热忱，大力鼓励他重拾画笔。为增添更多新奇乐趣，她推荐儿子报名热门的 AI 绘画项目。闲暇时刻，儿子只要输入脑海里奇思妙想的关键词，转瞬便能收获各种奇幻绚丽、风格独特的画作。他常被 AI 绘画的奇妙效果惊艳到，还兴致勃勃地借鉴其中的创意，将其融入个人笔触，捣鼓出别具一格的"混血"佳作。我发现儿子的想象力愈发天马行空，他的成就感也与日俱增。

在减压计划里，户外运动也是不可或缺的一环。心理老师列了详尽的户外运动清单，并依据四季和天气给出贴心建议。周末晴天时，全家一起奔赴郊外爬山，一路上设些趣味"寻宝挑战"，像是找找心形树叶、纹路奇特的石头等，儿子玩得津津有味，不时开怀大笑；赶上下雨天，亲子瑜伽、家庭乒乓球赛就在室内欢乐开场，一家人欢声笑语，其乐融融。

神奇的事情发生了，没有了我的唠叨、施压，儿子反倒慢慢找回了学习的自主性。他开始主动放下手机，每天按时完成作业；遇到不懂的问题，不再逃避，而是主动向老师、同学请教；课余时间，一头扎进绘画里，自信与快乐重新写在脸上。期末考试成绩公布，儿子的成绩大幅回升，压着线冲进了重点班。

回首这段历程，我感慨万千。原以为紧攥教育的"缰绳"才能引领孩子前行，不承想适度"躺平"、放手释然，反倒为儿子成长留出了广阔天地，让他重拾向上的力量。

这场与"完美教育"的和解，也让我找回了迷失的自我，领悟到了经营家庭的真谛。

视频：要在青春期
前解决手机问题

慢慢
心语

　　"教育，不是将知识填充进孩子的头脑，而是点燃他们心中求知的火焰。"

　　在许多家长眼里，教育是一场没有硝烟的战争。为了孩子的未来，我们常常放下所有，全力为他们提供最好的资源、最严格的约束。然而，通过案例中这位母亲与儿子一起度过的教育历程，我渐渐意识到，教育的真正意义，不仅仅是"给予"与"要求"，更是在关爱与放手之间找到平衡，尊重孩子的独立与选择。

　　很多家长把教育看得过于功利，焦虑地追求标准化的成绩，忽略了孩子内心的真实需求和成长节奏。这种过度的控制与压力，只会让孩子失去自信，甚至产生反感。教育并非通过堆积成绩来衡量一切，而是要帮助孩子建立自信、激发内在动力。

　　每个孩子都有自己的成长轨迹，他们并不是我们设想中的"完美"模样。他们有自己的兴趣、想法与节奏。当我们过度追求"完美教育"时，反而可能压抑了孩子的创造力和自主性，剥夺了他们应有的自由与童年。这不仅给孩子带来压力，还可能伤害亲子关系，导致隔阂与矛盾。

　　学会放手，给予孩子更多空间，让孩子去探索、去犯错、去找到自己的节奏。

　　作为家长，我们的任务不是干预，而是理解、支持与引导。在孩子遇到困境时做后盾，在孩子追寻梦想时为其助力。教育的真正意义，是更多地关注孩子成长的过程，而非单纯关注结果。

19

一位"学渣"爸爸的自救：当我给足孩子尊重后，他把我从黑名单里放了出来

在生活的磨砺中，我早早认清了自己没有上过大学，日后吃了没文凭的亏，当年一起参加工作的兄弟，明明他的技术不如我，但就因他有文凭，起步工资就比我高，升职也快，还能坐办公室。我却辗转在各个工地，干着最繁重、最辛苦的体力活。我心里一直憋着一股劲，盼望着孩子能通过读书改变命运，别再走我的老路。

梦想的断裂：从期待到失望的深渊

生于农村的我，从小到大吃了太多苦。为了改变家族命运，我背上行囊进城务工，省吃俭用数年，终于在县城里按揭购买了一套小两居室，一家人得以团聚，满心期许新生活的开启。

孩子自幼留守在乡下奶奶家，老人照顾孙子吃喝拉撒尽心尽力，可面对书本作业，只剩无奈与无力。

儿子刚入学那会儿，聪明劲儿崭露头角。初入小学时，他成绩

很好，奖状糊满墙，每次家长会我都挺直腰板坐在前排，享受旁人羡慕的目光。

可在初中时，青春期这场风暴骤至，毫无征兆地搅乱了原本安宁的家。儿子像是一夜之间拔节生长，个头猛蹿，嗓音褪去稚嫩变得粗糙，性子愈发叛逆乖张，如同脱缰的野马，肆意冲撞着我所有的期许。成绩滑坡的速度惊人，一个个刺眼的红叉在试卷上蔓延开来，排名像坐滑梯般直线下滑。

起初，我心存侥幸，总觉得这不过是短暂的波动，是孩子一时贪玩没收住心。即便工地劳作归来，累得骨头都要散架了，我仍强撑着疲惫的身子，拉他到书桌前，苦口婆心地劝导："儿子，别贪玩了，把基础打好，咬咬牙就跟上了，你以前那么聪明，努努力肯定行。"

昏黄的灯光下，我一脸殷切，儿子却眉头紧皱，小脸涨得通红，不耐烦地嘟囔着："烦死了，别唠叨，天天就这几句话，耳朵都起茧子了！"紧接着摔门而去，震得屋子都跟着颤，桌上台灯摇晃，光影凌乱，我愣在原地，满脸错愕，手掌还僵在空中，半天都没缓过神来。

中考成绩公布那天，我守在老旧电脑前，手指颤抖地点击着刷新，网页加载缓慢，每一秒都煎熬难耐，进度条像是被胶水黏住似的，半天不挪动一丝。当那个分数终于完整呈现出来时，我大脑一片空白，眼前一黑。

等待录取通知书的日子，儿子整日窝在自己房间，空调吹出的冷风呼呼作响，他就躺在床上，双手紧攥手机，双眼紧盯着屏幕，沉浸在游戏世界里，对外面的世界不管不顾。

奶奶看在眼里，疼在心里，有时实在心疼那噌噌上涨的电费，轻轻敲敲门说："乖孙子呐，早上太阳不大，也不热，把空调关一会儿，省点儿电吧。"儿子一开始不耐烦地嘟囔几句，在床上翻个身，把被子拉高盖住头，试图屏蔽奶奶的声音。在奶奶的反复劝说下，他才极不情愿地哼唧着，趿拉着拖鞋，满脸不悦地出了房门，经过客厅时，还故意重重跺脚，宣泄着不满，随后一头扎进厕所，半天不出来，等奶奶一转身，又迅速溜回房间，"砰"地关上门，继续沉浸在他的手机世界里，只留下奶奶在客厅无奈叹气。

中职录取通知书终于还是寄到了家中，每一个字都像是命运无情的宣判，宣告着梦想的破碎与前路的迷茫。

送他去学校的那天，车内死寂沉沉，空气仿佛凝固了。学校位于县城郊区，窗外田野飞速掠过，那绿意盎然曾是我对生活希望的底色，此刻却恰似流逝的梦想，抓不住，也留不住。一路无言，我的喉咙像被堵住了，千言万语挤作一团，却吐不出半个字。

到学校宿舍后，我强打起精神，双手尽量平稳地整理床铺，转头看向儿子，还是忍不住叮嘱："别灰心，中职也有出路，学好一门技术，将来照样能出人头地，爸相信你。"他全程盯着手机，屏幕幽光映着他冷漠的侧脸，末了才丢来句"知道了"。我眼眶酸涩，却流不出泪，只剩无奈，找不到方向，也抓不住那根能拉回儿子的绳索。

想想这些年，为了撑起这个家，给孩子更好的生活，我都是挑最重、最累的活干。那些偏远山区，交通不便，信号时有时无，数月回不了一次家。在繁华都市的工地上，我们昼夜赶工，累到倒头就睡。每次归家时，他又蹿高几厘米，眉眼间也添了几分陌生，想亲近却不知如何开口，我知道我错过了孩子成长中太多的点滴。

等他一天天长大，性格成形，我才惊觉，那些缺失陪伴的岁月，成了我们亲子间跨不过的鸿沟，管不了，也不知从何管起。

开学还不到三个月，那些日子我在工地上忙得焦头烂额，无暇过问孩子的学校生活。每天既要安抚工友们焦虑的情绪，又得赔着笑脸应付甲方各种严苛的要求，身心俱疲。

祸不单行，款项结算又出了岔子。财务那边一天一个说法，一会儿是流程卡住了，一会儿是资料不全，我一趟趟地跑办公室小心询问，得到的却只有推诿和敷衍。兜里的钱越来越少，每花一分都要精打细算，连吃饭都不敢多点一个荤菜。

　　就在这焦头烂额之际，儿子的电话打了进来，张口就提出涨生活费的要求，那一刻，我积压多日的烦躁瞬间被点燃。施工现场机器轰鸣，人声嘈杂，本就听不太清他讲话，心中的怒火却一个劲儿往上冒。我冲着电话大声嚷嚷："你咋就这么不省心呢！我在这累死累活的，钱没挣着几个，麻烦事儿倒一堆。你也不寻思寻思我有多难，开口闭口就是要钱，你眼里还有没有我这个当爹的！"吼完，我挂断电话，双手叉腰，站在那喘粗气，心头的怒火依旧熊熊燃烧。

　　等处理完手头的事情，情绪稍稍平复，我才猛地回过神来，意识到自己的话太冲了。儿子向来脸皮薄，说不定被我伤了自尊。我十分懊悔，打算赶紧发个信息问问他为啥突然要涨生活费，是不是遇到啥难处了。可当手指颤抖着点开发送界面，那条刺眼的红色感叹号就像一把利刃，直直地刺进心里——我竟已被他拉黑了！

　　儿子拉黑我的这几天，我毫无心思工作，好不容易挨到周五。平时都是儿子自己坐车回来，我赶紧开车等在学校门口。一出校门，他惊愕地看着我，从旁道绕过去，打算还是像往常一样和同学一起坐车回家。我赶忙跟过去接过他的书包，他冷冷地说道："干什么？"为了不产生矛盾，不被同学笑话，他还是跟着我上了车。

　　一回到家他就把自己锁在房间里，喊他吃饭也不吃，偶尔他出来和我碰上了，也是形同陌路，眼神冷得能瞬间把人冻僵，仿佛我是他此生最不愿见到的人。我强挤出笑容，想缓和这僵硬的气氛，主动搭话，换来的要么是他全然不理睬，把我当空气，要么就是几句怼得我哑口无言的狠话。

夜里，我隐隐听到他压低的抽泣声，赶忙起身敲门表示关怀，回应我的却是一句恶狠狠的"别管我"。

破冰之难：沉默与怒火的围城

周日傍晚，孩子胡乱吃了几口晚饭，我们还没来得及解开心结，孩子就又要回学校了。

我也没什么心情，躺在床上刷短视频，找找看有没有关注家庭教育领域的老师讲这个问题。我在直播间向一位心理老师申请连麦，详细说明了孩子目前的情况。老师也问了我好几个问题，我把孩子从小到大的情况大致说了一下。

"老师，孩子以前明明不是这样的，小时候多机灵可爱啊，谁见了都夸。可上初中后，一切都变了。前几天我正在上班，他打电话给我，一张嘴就说要涨生活费。当时我心里的火'噌'地一下就冒起来了。我常年在外面跑工地，家里都是孩子他妈和老人照顾着，本就聚少离多。每次回去，我也不知道怎么跟孩子亲近，就想着督促他学习，觉得这才是为他好。时间久了，孩子看见我就像老鼠见了猫，本来性格就有点内向懦弱，这下更不愿意靠近我了，都不敢跟我大声说话。老师，他现在高中都没有考上，你说以后这该怎么办？"

少顷，心理老师微微调整坐姿，身体前倾，凑近麦克风，那轻柔又笃定的声音透过电流清晰传来："这位家长啊，您先平复下心情，咱们一起捋一捋。您要知道，对于孩子而言，青春期是人生中最重要的叛逆阶段，敏感又脆弱，特别是他们的自尊心，顽强生长却禁不起半点粗暴的践踏。这些年，您为了家庭生计在外头四处打拼，个中艰辛大家都能体会到，可这也造成在孩子成长过程中，家里缺了一位能给予阳刚之气，引导、展现坚韧不拔品性的男性楷模。孩子平日里接触最多的是家中女性长辈，她们温柔呵护有余，却少了那份能帮他塑造强大内心、果敢气魄的力量。

"每次您好不容易回趟家，心里头装着的是对孩子满满的期待，急切地想把他往正道上猛拉一把，这份心没错，但这方式方法实在欠妥。一跟孩子凑到一块儿，三句话离不开学习成绩，眼睛只盯着那分数，仿佛那就是孩子的全部价值体现。但凡成绩不理想，您这火'噌'地一下就冒起来了，紧接着就是一顿狂风暴雨般的责骂，完全没给孩子留一丝辩解的余地。您可曾想过，孩子心里那些委屈、那些对未来的迷茫，正憋闷得没处说呢？

"久而久之，家在孩子眼里不再是温暖的港湾，而是成了压力的源头，四面楚歌，都是否定与斥责，他能汲取到的爱意寥寥无几。孩子的性格在这重压之下，怎能不逐渐走样？原本的朝气被磨灭，变得胆小懦弱，在现实中不敢吭声，因为一发声迎来的可能又是一顿数落。

"这时候，网络那端的陌生网友就成了他最后的救命稻草，哪怕只是几句不走心的安慰话语，对他来说都像是沙漠中的甘霖，能寻得片刻自由呼吸的空间，寻得一丝被理解的错觉。

"拉黑您，也是他在退无可退的情况下，使出浑身解数想要筑起一道守护自己内心世界的堡垒，哪怕这堡垒摇摇欲坠，也是他仅存的安全感来源啊。"

心理老师这番剖析如惊雷般在直播间炸响，评论区瞬间被网友们刷屏，都是对我的安慰、对孩子的心疼以及对亲子关系的感慨，而我坐在镜头前，仿若被钉住了一般。一语惊醒梦中人，回忆如潮水一般涌来。

破茧与重生：尊重，是爱的桥梁

后来经过几次沟通，我报名了这位心理老师的一对一辅导课，我决定利用孩子还在青春期的机会，趁我还能心有余力，好好修复我们之间的父子关系。

1. 自我重塑：打破认知坚冰

心理老师反复跟我强调"认知决定行为"，过去错误的行为就是因为有错误的认知。人就是因为懂得太少了，所以才简单粗暴。要想达成目标，首先得学习了解一些科学的育儿知识，纠正过去错误的理念。

从那以后，我工作之余就听网课，听心理学专家讲解青春期孩子的心理特点，如维护自尊是青春期孩子的核心需求，过激批评会被视为侵犯，致使他们竖起浑身尖刺，进行自我保护。

首要的问题便是"成绩至上论"。在我以前的观念里，孩子学习成绩的数字就是衡量他一切的唯一标尺，只要分数亮眼，未来便一片坦途；反之，成绩下滑就等同于前途尽毁。每次看到儿子不尽如人意的成绩单，内心的焦虑瞬间就会转化为熊熊怒火，全然不顾他在学习过程中付出的努力、遭遇的困难，以及成绩背后或许隐藏的压力与迷茫。

"家长的权威不可撼动"也是我坚守的错误理念。我固执地认为，作为父亲，我说的话就是绝对的真理，孩子只有乖乖听话照做的份儿。在日常相处中，但凡儿子对我的要求提出一丝异议，哪怕是合理的解释或想法，我都会视作忤逆，立马用严厉呵斥压制，丝毫不给他表达自我的机会。家里的大事小事，都是我一手决定，从未考虑过全家人的意愿，有时候他们都不希望我回去。

学习了"发展心理学"的相关知识，我深刻领悟到青春期是孩子身心剧变的关键时期，他们的自我意识如春笋破土，迅猛生长，亟需被尊重、被认可，渴望拥有自主空间。这时候，家长强行干涉、过度管控，只会适得其反，激发他们更强烈的逆反心理，遵循"适度自主原则"才是正途。

明白了这一点，当再次面对儿子想独自干些什么时，我就知道不能一味地拒绝或者否定，而是要多多了解儿子的想法，和他商量着拿主意。

"多元智能理论"更是为我打开了新世界的大门，彻底推翻了"成绩定乾坤"的狭隘认知。原来，孩子的能力是多元交织的复杂体系，数理逻辑只是其中一环，他在绘画上展现的创造力，与同学交往时的高情商，都是闪光点。意识到这点后，我也不再觉得"文凭决定论"是全对的，只要孩子身心健康，以后照样有一条好出路。

我把学到的知识和自己的感悟，编辑好发到家族群里，"尊重孩子独立人格""倾听情绪先于评判对错"，我要从内心深处打破旧有的育儿模式，重塑崭新的父亲形象。

2. 温情渗透：叩响亲子心门

理论武装头脑后，我在心理老师的指导下开始实践。

自从学习了心理学知识后，我的情绪好了很多，不禁感叹自己过去知识太过匮乏。为了破冰，我打算给他送一次饭。我知道半大小子最馋红烧肉，于是我烧了一大锅，并赶在下课前在他们学校食堂等待。

望着他们寝室的几个小子一起过来，我就说了一句："今天我烧了肉，你们都是同学，大家一起吃。"儿子呆立住了，未及回应，他的室友们已围拢惊叹："这也太丰盛了，叔叔厨艺绝啦！"我等着他们打完饭，赶忙起身坐到旁边。儿子并没有拒绝我，在同学的声声夸赞中，儿子耳根泛起红晕，嘴角不自觉地上扬。

待他们吃完后，我不像过去那样啰里啰唆，收拾好饭盒，说了句"喜欢吃，以后爸爸还给你送"，转身就走了。

这一刻，我心里特别满足。

从那以后，我克制住了自己的说教欲望，与儿子见面时言语极简，目光交流却饱含深情，敏锐地捕捉儿子的细微情绪，察其疲惫便默默添菜，见其开怀便暗自欣慰。坚持每周给儿子送一顿饭，并与舍友分享。儿子的态度如春芽破土般，从最初默默吞咽到偶尔轻声叮嘱"爸，别太累，少做点"，简短话语重若千钧，但十分暖心。

3. 深度联结：重筑亲密港湾

送饭的日子像一条条温暖的丝线，逐渐编织起了我与儿子之间那座曾崩塌断裂的亲情桥梁。随着我一次次带着爱意奔赴校园，他的室友们跟我越来越亲近。我开始在旁边静静地聆听他们吃饭时的聊天调侃。

又是一个寻常却又注定不凡的送饭日。我精心准备的酸菜鱼香气四溢，鲜嫩鱼片卧于酸香汤汁中，酸菜脆爽，辣意恰到好处。一打开饭盒，儿子和室友们便围拢过来，眼睛亮晶晶的，欢呼着动筷。我站在一旁，微笑着看他们大快朵颐，心中满是欣慰。

待众人吃得肚儿圆滚滚的，我心满意足收拾饭盒时，手机蓦地一震，我掏出一看，竟是儿子悄悄把我从黑名单里拉了出来，发来一句简短却烫心的消息："好吃，周末回家想喝排骨莲蓬汤。"短短几个字，让我热泪盈眶。

心理老师告诉我，修复千疮百孔的亲子关系，就如精耕细作一片心田，稳定持续的情感滋养不可或缺，角色重塑亦是关键。

往昔那个板着脸、只会威严下令的父亲形象已被我狠狠摒弃，如今我努力化身为儿子身旁默默守护、静静陪伴的挚友。我不再一味地施加压力，我会和他谈起自己年轻时如何在工作中攻坚克难的往事，娓娓道来间传递"挫折是成长进阶"的信念，点燃他重新奋进的火苗。

若他在人际相处中有了困扰，眉头紧锁，向我嘟囔同学矛盾、友情波折时，我便引导他换位思考，启发解决思路，却绝不越俎代庖直接给答案，看着他在思索中豁然开朗，重拾社交自信，昂首阔步再赴校园生活，我由衷地感到欣慰。

如今，站在新生活的起点回望来路，那一路的磕绊、挣扎与醒悟，都化作了我心底最珍视的财富。曾陷入绝境的亲子关系，在尊重与爱的滋养下重焕生机。

这场自救之旅，于我而言，不仅是修复了与儿子的关系，更是重塑了自我。我放下执念，不再将未竟的梦想强加于孩子稚嫩的肩头；懂得了倾听的力量，深知每个细微情绪背后都是孩子渴望成长的呼喊。

未来尚有漫漫长路，我愿怀揣这份全新领悟，伴他稳步前行，见证他每一次蜕变。无论风雨，家永远是温暖的港湾，爱永远是坚实的后盾，而尊重，是连接我们心灵的那座永恒桥梁，它将熠熠生辉，永不坍塌。

"教育的意义不仅是为了提升成绩，更是为了培养一个独立、有自信、有责任心的人。"

在当今教育环境下，家长的焦虑和压力几乎已成为普遍现象，尤其是当孩子进入青春期时，家长往往在情感上感到迷茫，不知如何在给予孩子足够空间的同时，又能有效引导他们。

孩子的成长过程中充满挑战，身心的变化尤为复杂。作为父母，真正"看见"孩子，理解他们内心的需求，比单纯关注他们的成绩和行为更为重要。青春期的孩子充满了自我怀疑和焦虑，这些情绪常常在家长未察觉的情况下悄然滋生。如果家长只是站在自己的立场，强求孩子满足自己的期望，这种教育方式往往容易让孩子感到压抑和迷失方向。

家长需要转变教育方式，从"指令式"的教育转向"倾听式"的陪伴，这才是青春期孩子真正需要的支持。父母应更多地扮演支持者和倾听者的角色，而不是控制者。尊重孩子的独立性，理解他们的情感变化，才能帮助他们更健康地度过这一阶段。

教育的核心在于陪伴和支持，而不是代替孩子作决定或设定过高的目标。孩子的成长不仅仅是成绩的竞争，更是情感和心理的积淀。家长应该学会调整自己的焦虑情绪，尊重孩子的成长节奏，才能在亲子关系中建立更深的信任和理解。

20 坏了，我16岁的女儿
喜欢上了老师

16岁，那是如朝露般澄澈晶莹、似春花般烂漫娇俏的年纪，本应在知识的晴空下无拘无束地舒展梦想的羽翼，在友谊的暖阳里尽情欢笑嬉闹的年纪。可我的女儿小悠，却悄然陷入了一场青春的情感旋涡，让我做母亲的这颗心，也跟着跌宕起伏。

察觉异样：青春萌动的暗涌

16岁的女儿小悠，在我的记忆深处，始终如破晓时分穿透云霞的那束最为璀璨夺目的光，耀眼而温暖。从踏入初中校园的那一刻，小悠便怀揣着炽热的梦想，心无旁骛地踏上了求学之旅。

初中三年，寒来暑往，她在知识的海洋里奋力划桨，从未有过一丝懈怠。每一个挑灯夜战的夜晚，每一本被翻得卷边磨损的课本，每一张写得密密麻麻的试卷，都是她努力的见证。那些错综复杂的知识要点，没有成为她前行的阻碍，反而在她日复一日的刻苦钻研下，逐渐编织成一张牢固的知识网。凭借这份认真刻苦与坚韧不拔，她最终以优异的成绩成功叩开省级重点高中的大门，为自己的初中生涯画上了圆满的句号，也向着更高更远的未来，豪迈地迈出了坚实的步伐。

可就像平静的湖面骤然被疾风搅乱，泛起层层令人揪心的涟漪，这段时间，我以母亲特有的敏锐，精准地捕捉到小悠周身气场的变化。

以前，只要放学铃声一响，她立马变得活力满满，像只着急归巢的小鸟，马上冲出校门去找门口等着接她的车。书包还在肩膀上晃呢，人都还没坐稳，嘴里的话就跟连珠炮似的，噼里啪啦说个不停，全是学校里好玩的事儿。

可这段时间她完全变了个样，就好像被一股看不见的寒气给冻着了，整个人没了精气神。放学回家，她脚步慢悠悠的，一点劲头儿都没有，轻手轻脚地开门、关门，安静得生怕弄出一点动静。进了屋就把自己关在房间里，常常一个人躺在床上，目光呆呆地望着窗外，心思不知道飘到哪儿去了。

以前，她可是很爱看书的，现在呢，书被扔在一边，书页都卷起来了，上面还落了一层薄薄的灰，看着就让人心里不是滋味，感觉时间都在这落灰的书上停滞了。

更让我警觉的是，向来对穿搭只是略微上心、秉持简单舒适就好的她，如今却像换了个人。她每天清晨站在衣柜前挑挑拣拣的时间大幅拉长，还对着镜子反复比试，嘴里嘟囔着颜色搭不搭配、款式够不够新颖。以往那些素净的色调不再入她的眼，转而倾心于明艳活泼的色彩，满心琢磨着怎么穿才能更出众。甚至还拉着我，软磨硬泡让我开通"亲情付"，支支吾吾道出想买点化妆品的想法，说是同学们都在用，自己也想试试，眼神里既有羞涩的渴望，又藏着一丝怕被我拒绝的忐忑。这种种迹象串联起来，犹如一串不祥的警钟在我心头敲响，让我愈发笃定，孩子的世界定是闯进了什么特殊因素，搅乱了她原本的安宁。

有一回，我端着热牛奶去她房间，刚推开门，就看见她对着手机屏幕满脸通红，眼睛亮晶晶的，嘴角噙着一抹羞涩的笑意，手指还不自觉地揪着衣角。见我进来，她像是受惊的小鹿，慌乱地关掉手机，手忙脚乱地拿起一本书佯装阅读，可那颤抖的指尖和泛红的耳根却暴露了她的慌张。我心里"咯噔"一下，青春期孩子这般模样，背后定有隐情。我旁敲侧击地询问，小悠却眼神躲闪，支支吾吾说不出个所以然来，只是含糊应付，这让我的担忧愈发沉重。

几天后，趁她洗澡的间隙，我说帮她把房间的地板吸一下灰尘。女儿没有在意，应了一声。刚把床底的灰尘吸干净，我就看见垃圾桶旁边有一张皱巴巴却又被仔细抚平的信纸，我缓缓捡起，上面密密麻麻的字映入眼帘，瞬间让我的心揪了起来。字里行间满是女儿对她的体育老师——夏老师的倾慕之情。

小悠写道，那天阳光正好，她在操场边偶然瞥见夏老师从操场走入办公室，他那又高又瘦的身形在金色日光的勾勒下宛如一幅绝美的剪影，白皙的面庞被阳光镀上了一层暖光，额前的碎发被汗水浸湿，贴在光洁的额头上。他迈着矫健又从容的步伐，像是自带光芒，就在那一瞬间，她感觉心脏像是被一只无形的手轻轻击中，此后，夏老师的一举一动便都住进了她的心里。

慌乱地扫过女儿的文字，我的脑袋嗡嗡作响，心乱如麻，可理智告诉我，此刻必须冷静。这青春期懵懂的爱意，脆弱又倔强，一旦处理不好，斥责与怒火只会让它如野草般疯狂蔓延，到那时，局面便再难挽回。

听到女儿从浴室出来的声音，我赶紧把纸扔回原处，装作啥也不知道。

为了一探究竟，我找了个借口去了学校。在操场边，我看到了那位夏老师，他确实如小悠描述的那般，身姿挺拔，气质阳光。他正带着学生们做热身运动，口哨声清脆响亮，示范动作标准利落，举手投足间满是青春活力。他不时耐心纠正学生的姿势，脸上挂着爽朗的笑容，这般帅气又具亲和力，也难怪小悠会心动。

再看小悠，体育课上，以往活泼积极的她变得羞涩忸怩，做动作时频频出错，目光却总是不自觉地飘向夏老师；课间休息，别的同学聚在一起谈天说地，她却独自坐在角落里，眼神追随着夏老师的身影，偶尔老师朝这边看过来，她便迅速低下头，佯装整理鞋带，手指慌乱地揪着鞋带，半天都系不好。那紧张无措的模样，让我更加笃定，得赶紧想个法子，引领她走出这情感迷宫，绝不能让这份青涩情愫搅乱她原本大有前途的青春。

温柔拆解：开启坦诚之旅

察觉到小悠的心思后，我心里就一直盘算着要跟她来一场推心置腹的交谈，好好梳理一下这团乱麻。我提前做了诸多准备，把自己想说的话在心里反复斟酌、演练，就盼着能找准时机，用最恰当的方式打开她的心结，让她知道妈妈永远是站在她这边的，愿意陪她一起面对这份青春的小困扰。

然而，理想与现实之间的落差还是打得我措手不及。那天放学后，瞅着小悠刚进家门，还没来得及放下书包，我便迎了上去，满脸笑意又略带忐忑地说道："小悠，妈妈想跟你聊聊，就咱娘儿俩，心里话都能说的那种。"谁料，小悠像有所警觉的样子，瞬间小脸涨得通红，把书包猛地往沙发上一摔，冲我嚷道："聊什么聊！我不想聊，你别管我行不行！"说罢，扭头就冲进自己房间，"砰"地一声关上了门，震得我心里直发慌。

站在紧闭的房门前，我既无奈又心酸，愣了好一会儿。我知道，这事儿急不得，可眼睁睁看着孩子在这情感旋涡里挣扎，自己却毫无办法，那种无力感几乎要将我吞噬。想起我手机里有之前加过的一位心理老师的微信，我赶忙给她留言说了孩子的情况。

心理老师和我约好了咨询时间，在视频通话中和我分析说，中学生早恋现象背后有着复杂的心理成因。这个阶段的孩子，身心发育快速，自我意识开始觉醒，内心对情感的需求愈发强烈，渴望被他人关注、认同，尤其是来自异性的特别目光，那种新鲜感与刺激感会让他们误以为是爱情降临。像小悠，身处竞争激烈的重点高中，学业压力很大，情感上便不自觉地想寻求一个寄托、一个避风港，恰好这时，夏老师帅气亲和的形象闯进她的视野，心动也就悄然滋生了。同时，小悠暗恋年长的老师，那爸爸是不是平时有些缺位？

我若有所思地点点头，爸爸确实没怎么参与到孩子的成长中来，在家的时候也很少跟孩子交流沟通。

心理老师见我若有所思，便接着说道："**爸爸在孩子成长过程中长期缺位，会让小悠在心底极度渴望成熟男性给予的关怀与引导，这种情感空缺使得她更容易对年长且具备闪光点的男性，比如夏老师，产生特殊情愫，试图从老师那儿获取缺失的那份父爱般的温暖与依靠。**"

听了这番分析，我十分懊悔，怪自己先前竟没留意到这关键一环。心理老师像是看穿了我的心思，轻声安慰道："现在意识到也不晚，要扭转局面，得双管齐下：一方面，你得找个时机，心平气和地跟孩子爸爸好好聊聊，把小悠如今的状况以及爸爸这个家庭角色缺失带来的影响坦诚相告，劝他往后多抽时间陪孩子，哪怕只是一起吃顿饭、聊聊日常琐事，重新建立父女间紧密的纽带，填补小悠内心渴望父爱的缺口；另一方面，针对小悠的早恋苗头，咱们按部就班地引导。"

老师进一步阐述："营造理解包容的家庭氛围依旧是重中之重。孩子情绪本就敏感，波动大，之前小悠冲你发火，千万别往心里去，往后日常相处中，更得把控好情绪，别让家里氛围紧绷压抑，得让小悠在家能自在舒心，明白无论怎样，家人永远是她的港湾。第二，就是协助小悠拓宽社交圈子，这件事迫在眉睫。重点高中课程紧，课余活动常被忽视，可恰恰这些活动能成为转移她注意力的良方；鼓励小悠周末约同学参加户外运动、看电影、逛街，结识更多志趣相投的伙伴，眼界宽了，心思便不会局限于那懵懂的情感。"

末了，老师着重强调要引导小悠明白树立明确长远目标的意义。她建议我找个时间和孩子一同规划未来，聊聊心仪的大学专业，畅想未来职业生活的精彩，将未来美好蓝图具象化，让小悠真切感知当下学习是通往理想的最佳路径，有梦牵引，自会心无旁骛，全力奔赴前程。

跟老师结束通话后，我长舒一口气，心里虽仍沉甸甸的，却不再似先前那般茫然无措。攥着这把"钥匙"，我定要小心翼翼地开启小悠的心锁，引领她走出情感迷障，重归阳光满途的青春正轨。

步步为营：践行引导之路

1. 弥补缺位，重塑家庭纽带

挂断电话，我深知，要想彻底解决小悠的问题，补齐家庭关系中的那块短板至关重要。这背后涉及老师给我讲的"依恋理论"。孩子在成长过程中，对父母有着天然的情感依恋需求，尤其在青春期，渴望来自父母中的异性的认同与陪伴，若其缺失便易向外寻求替代感情。就像小悠，长期缺乏爸爸的关怀，才会不自觉地对成熟稳重的夏老师产生别样的情愫。

于是，选了个周末的夜晚，待小悠睡下，我泡上两杯热茶，坐在客厅沙发上等孩子爸爸下班归来。见他进门，我递上茶，轻声开口："咱闺女最近碰上些烦心事，我想跟你说一说。"接着，我把小悠的情况一五一十地道出，留意到孩子爸爸的神色从最初的诧异转为凝重。我叹了口气，继续说道："你平时工作忙，我理解，可小悠成长路上缺了你不少的陪伴，她心里渴望成熟男性的关怀，或许不自觉地就投射到老师身上了。往后，你哪怕一周抽两三个晚上，陪她聊聊天，关心下她在学校的生活，咱们一起帮孩子把这弯儿转过来。"

孩子爸爸脸上写满懊悔，紧握着茶杯，重重地点点头，承诺定会调整工作节奏，多参与孩子的成长过程。此后，爸爸努力遵守约定，时不时在小悠写作业时默默坐到旁边，递上一杯热牛奶，轻声询问学习情况；周末主动提出陪小悠去打球、看展览，父女间的互动逐渐增多，小悠在家中重新找回那份踏实的安全感，心底对外部不恰当的情感寄托的需求也开始慢慢淡去。

2. 氛围润心，注入积极能量

扭转家庭氛围绝非易事，但我们有着坚实的心理学依据——"情感氛围理论"，良好的家庭情感氛围就像温暖的港湾，能安抚孩子的情绪，助力其健康成长。以往我总操心小悠的学业，日常交流三句不离学习，如今我想试着换个轻松的方式。

餐桌上，我不再追问其作业与考试情况，而是分享些办公室趣事、邻里家常，引得小悠不时好奇地插话；周末拉着父女俩一起下厨，从择菜、洗菜到翻炒、调味，厨房里满是烟火与笑语，家的温度一点点回升，小悠脸上的阴霾也渐渐散去。

我还在家中各处布置温馨的小装饰，贴上家庭合照、小悠的奖状，时刻提醒她家庭的温暖与自己的优秀，让她处于积极向上的环境。同时，我和孩子爸爸约定，无论多忙多累，都不在小悠面前抱怨、争吵，用平和稳定的情绪感染她，在潜移默化中重塑她对生活的乐观态度，使她内心有足够的力量抵御青春期的情感波动。

3. 多元引导，点亮梦想灯塔

拓宽小悠的社交圈子以及帮助其树立明确的目标，实则契合"马斯洛需求层次理论"。孩子在满足基本情感归属需求后，需要社交成就与自我实现来充实生活，这有助于转移早恋注意力。

学校社团纳新海报张贴那日，我陪着小悠站在布告栏前，逐一分析各个社团的特色。见她的目光在文学社海报上多停留了几秒，我便趁热打铁道："你从小作文就写得好，去文学社说不定能发表大作呢，到时候妈妈做第一个读者。"

在我的鼓励下，小悠填了文学社纳新申请表。周末，我又联系上几位相熟的家长，组成了小型户外骑行团，几个孩子一路骑行在郊外绿道上，风拂过发梢，欢笑声洒落一路，小悠回来后兴奋地跟我讲同行小伙伴那些新奇点子，眼中闪烁着光芒，她在丰富的社交中找到新的乐趣与价值感。

对于确立目标环节，我格外慎重。我挑了个静谧的午后，准备好大学宣传册、各类专业介绍资料，喊小悠坐在书桌前。我翻开一本知名学府图集，指着那些古雅的校园建筑、现代化的实验室，说："小悠，你瞧，这些大学多漂亮，里面汇聚了全国顶尖学子。你喜欢生物，看这所大学的生物专业的前沿研究课题多有意思，要是能考进去，未来说不定能攻克疑难杂症，拯救好多生命呢。"

小悠手指轻轻摩挲着书页，眼中充满憧憬，小声说："妈，我真能行吗？"我握紧她的手说："只要你踏踏实实地学，咋不行？咱把大目标拆成小目标，每天进步一点点。"

从那以后，小悠的书桌显眼处贴满了学习计划便笺，每完成一项便划去一项，早恋那点小插曲也成了青春的过往，理想与未来成为她满心追求的方向。

整个过程并非一帆风顺，但还是得益于心理老师的专业指导。小悠偶尔也会陷入低落情绪，偷偷盯着手机里夏老师的照片出神，或是写作业时分心叹气。每当这时，我和孩子爸爸便默契分工，一人默默递上热牛奶、水果拼盘，轻声叮嘱她别累着；一人陪坐在旁边，耐心听她倾诉烦恼，温和地提醒她学习进度，不指责，不催促，只是静静陪伴。

就这样，在我们悉心的陪伴与引导下，小悠慢慢走出了这段情感迷宫。课堂上，她目光重回黑板，踊跃答题；文学社里，佳作频出，还结识了一群文学挚友；成绩稳步提升，距离心中的象牙塔越来越近了。看着她日渐自信开朗全力奔赴未来的模样，我和孩子爸爸相视而笑，庆幸我们没有错过孩子成长的关键节点，而是携手保护她一起驶向未来。

视频：女孩缺爱，
容易掉入爱情深渊

"教育的真正意义，是点亮孩子的内心世界，让他们学会如何在复杂的情感和生活中找到自己的位置。"

父母在孩子青春期成长过程中的角色，不仅是教育者，更是情感的引导者和陪伴者。孩子在这个阶段的心理变化是多维的，他们不仅在探索自己的身份，还试图理解和处理复杂的情感问题。作为家长，我们的理解、关怀和支持能够极大地影响孩子的心理健康和情感发展。

家长要意识到，青春期不仅是孩子生理成长的关键时期，也是情感和自我认知重构的阶段。在这一过程中，父母的态度和行为往往会直接影响孩子对自我价值的认同。

许多时候，我们与孩子的沟通被成绩和行为问题所主导，忽视了孩子内心世界的变化。青春期的孩子常常因为父母的忽视或者过于严厉的态度，感到无法倾诉和被理解。这时，家长需要更加敏感地捕捉孩子情绪的变化，主动去建立情感连接，而不是等待问题发生后再去解决。

我也明白，家长常常面临极大的压力，尤其是在现代社会中，工作和生活的负担可能让我们疏于关注孩子的成长。然而，正是这些细微的情感互动，能够为孩子提供情感上的安全感和支持。我们不需要做完美的父母，但需要有足够的耐心和理解，以便在孩子迷茫时给予指引，在他们犯错时给予宽容。

家长需要从心底相信，教育的核心不仅仅是取得优异成绩，更是情感教育、人格塑造和心灵关怀的统一。在这个过程中，我们不仅是在"教"孩子，更是在与他们共同成长。

21 帮助儿子克服"校园社恐"

学业重压下，儿子的社交能力急转直下

时光荏苒，儿子顺利升入高二，这本是学业征途上关键的加速阶段，如同千帆竞发的赛场，大家都鼓足了劲儿，准备在知识的海洋里破浪前行，向着梦想的彼岸全力冲刺。

课程难度呈陡坡式上升，学业压力巨大，每一堂课、每一次考试都像是一场激烈的战斗，同学们都埋头于书本与习题之间，为未来的高考拼搏奋进。

可儿子最近的状态却与这氛围格格不入。

那天，学校老师的电话打了过来，那尖锐的手机铃声仿佛一阵阵划破安宁的警报，班主任告知我，儿子在人际关系的泥沼中越陷越深，与同学之间矛盾频发，冲突不断升级，和任课老师的相处更是时常擦出火星子，经常破坏课堂的和谐氛围。

回溯往昔，刚踏入高中大门时，儿子虽不算班级里的社交明星，但也能和同学们融洽相处。课间休息时，偶尔也会参与同学们的闲

聊，分享一些从课外读物上看到的新奇知识，或是一起讨论最近热门的科幻电影。那时，他的眼中尚有对校园生活的热情与期待，脸上也时常挂着笑容。小组协作时，他也能积极出谋划策，倾听他人的意见，大家齐心协力攻克难题。

然而，好景不长，日益加重的学业负担，一次次考试成绩的不理想，如同沉甸甸的巨石，逐渐压垮了儿子的心理防线。在同学关系的处理上，他仿佛一夜之间变成了一座孤立无援的"小岛"。

听老师讲，课间休息时，教室里同学们依旧三五成群，或因解开一道难题而欢呼雀跃，或因某个搞笑段子而捧腹大笑，可儿子却总是一个人坐在教室后排靠窗的角落，那个位置光线似乎都变得很暗淡，他眼神空洞而又透着疏离与落寞，仿佛周围的欢声笑语是另一个世界的喧嚣，他无法触及，亦无心融入。

偶尔，有同学匆忙路过时不小心碰到他的书本，"哗啦"一声，散落一地，或是在人群拥挤时不小心踩到他的脚，正常情况下，这本是同学间相互包容、一笑而过的小插曲，碰到的同学都会真诚地道歉，附带一个歉意的微笑，事情也就烟消云散了。儿子如同被点燃的爆竹，瞬间暴跳如雷。他涨红着脸，脖颈上青筋暴起，瞪大双眼，那眼神仿佛能喷出火来，冲着同学大声吼叫："你长没长眼睛啊！走路不会看着点啊！"话语如同一把把利刃，毫不留情地刺向同学，全然不顾对方是否是无心之失，吓得周围同学都面露惊愕之色，匆忙退避。

久而久之，大家都对他敬而远之，他彻底沦为班级里人人躲闪的"独行侠"。

在小组讨论时，情况更是令人揪心。当大家针对某个学科难题各抒己见，激烈碰撞思维的火花时，儿子却总是固执地坚守自己的观点，像一头倔强的小牛犊，任凭他人如何劝说，都拉不回他认定的方向。他不仅不愿意倾听别人的想法，还时常在别人发言时，不耐烦地皱起眉头，嘴角下撇，嘴里小声嘟囔着表示不屑，仿佛他人的见解都入不了他的法眼。一旦有人提出反对意见，质疑他的思路，那便如同触犯了他的逆鳞，他会气呼呼地一把摔下手中的笔，"噌"地站起身，直接退出讨论，全然不顾小组合作的氛围以及同学们投来的异样目光。

长此以往，同学们都摸清了他的脾气，谁也不愿意再主动与他一组，他在班级中的处境愈发孤立，仿佛置身于一片人际荒漠中。

而与老师的相处，更是"大逆不道"。课堂上，老师在讲台上滔滔不绝地授课，妙语连珠，同学们都聚精会神地听讲，目光紧紧跟随老师的板书，跟随老师的思路踊跃发言。可儿子经常眼神游离，思绪早不知道飘向何方，对老师的精彩讲解置若罔闻。被老师点名提问时，他要么一脸不耐烦，嘴巴紧闭，和老师进行一场无声的对抗，将课堂气氛瞬间冻结；要么梗着脖子，顶嘴反驳，说出诸如"这问题太无聊了，问了也白问"之类的话，让老师尴尬地僵在原地，打乱了授课节奏。课后，对于老师精心布置的作业，他也是敷衍了事，字迹潦草，错误百出，纯粹是为了完成任务，毫无学习的热忱。

若是老师出于责任心批评他几句，指出他的问题所在，他就像被点燃的火药桶，脖子一梗，涨着通红的脸和老师大声理论起来，言辞激烈，完全不顾及课堂纪律和师道尊严，让老师既生气又无奈。

家长帮扶的"四处碰壁"

　　作为家长，目睹儿子在学校陷入这般困境，心急如焚。看着他日益消沉的模样，往昔那个朝气蓬勃的少年仿佛被阴霾笼罩，失去了光彩。我深知不能坐以待毙，必须想办法拉他一把，让他重回正轨。于是，我尝试了各种各样的方法，可每一次努力都如同以卵击石，撞在一堵坚硬无比的墙上，还多次引发了亲子大战。

　　起初，我选择了最传统的方式——和儿子谈心。找了个静谧的周末午后，我轻轻敲开他的房门，缓缓坐在他身边，轻声细语地开启了话题："儿子，妈妈看你最近好像心情不太好，在学校是不是遇到什么烦心事啦？跟妈妈说一说，咱们一起想想办法。"我试图用温柔的语调打开他紧闭的心门。可他却像是一只受惊的小鹿，猛地一颤，紧闭双唇，眼神闪躲，仿若我是那洪水猛兽，只是闷声挤出一句"没什么，不用你管"，便将我硬生生地堵了回来。那语气冷若冰霜，像一道无法逾越的冰墙，瞬间让我刚燃起的希望之火熄灭。我不甘心就这样放弃，又继续追问，想着给他讲一些人际交往的道理，告诉他人与人相处要宽容、要尊重他人，可话还没说几句，他就像一只被激怒的刺猬，烦躁地戴上耳机，将自己彻底隔绝在音乐的世界里，独留我一人在原地，失落如同潮水般将我淹没。

　　见谈心这条路行不通，我又琢磨着从侧面迂回突破。我赶忙联系了他的几个好朋友，言辞恳切地拜托他们："孩子们，阿姨知道你们和我家儿子关系好，他最近在学校有点儿不开心，你们平时多带着他一起玩，帮他融入集体，好不好？"电话那头先是一阵令人揪心的沉默，随后便传来孩子们略带为难的声音，他们委婉地告诉我："阿姨，不是我们不愿意带他玩，实在是他在学校里太'个性'了，我们都有点怕他。我们稍微有点不顺他的意，他就发脾气，大家都不太敢和他亲近。"我一听，心里一阵酸涩，但还是不死心。我特意跑去超市，精心挑选了一大堆孩子们平日里爱吃的零食，真诚地邀请他们来家里做客，期望能营造出一个轻松愉快的氛围，让儿子在熟悉的环境里敞开心扉，重拾往日的欢乐。

聚会那天，我忙前忙后，像一只不知疲倦的蜜蜂，准备了一桌子丰盛的饭菜，期待着孩子们能玩得开心，可儿子却全程冷着脸，对同学们热情的招呼爱搭不理。同学们玩游戏时，他也只是独自在角落里，低头摆弄着手机，周围的欢声笑语仿佛是另一个维度的声音，与他毫无关联。整个场面一度陷入尴尬，最后，同学们不欢而散，只留下一屋子的落寞和沮丧的我，那空荡荡的房间仿佛也在无声地叹息。

我仍未放弃，又试图和学校老师携手，共同帮助儿子走出困境。我主动联系老师，言辞恳切地说："老师，您看我家孩子最近状态不太好，和同学们关系有点僵，您在学校能不能多关照一下他？给他一些表现的机会，帮他重拾自信，改善一下人际关系。"老师非常负责，当即答应了我的请求。课堂上，老师特意点名儿子回答一些相对简单的问题，每当儿子回答得稍有沾边时，老师都会立刻表扬他，称赞他有进步，试图以此增强他的自信心，让他重新融入课堂的积极氛围。可万万没想到，儿子根本不领情，下课后，他不仅没有一丝感激，还对着老师冷嘲热讽："老师，您别假惺惺的了，不就是想故意'施舍'我吗？我才不稀罕呢！"那话语就像一支冰冷的箭，直直地射向老师的心窝，让老师也倍感挫败。我听说后，心中更是五味杂陈，苦涩、无奈、辛酸交织在一起。

那段时间，我每日都在焦虑的旋涡中苦苦挣扎，每一个清晨，看着儿子背着书包、耷拉着脑袋出门，那沉重的步伐仿佛踏在我的心上；每一个夜晚，看着他拖着疲惫的身躯，带着一脸的孤寂归来，我却束手无策，不知道究竟如何才能伸出有力的援手，帮他挣脱这片人际关系的泥沼，重新找回那个阳光开朗、积极向上的少年。

心理老师引领下的"破茧"之路

就在我感到绝望的时候，偶然间听朋友说起有专业的心理咨询老师或许能帮上忙。我仿佛抓住了救命稻草，经过朋友介绍，认识了这位老师，然后毫不犹豫地带着儿子敲响了她的门。心理老师热情地接待了我们，她先是单独和儿子聊了很久，又和我深入交谈，全面了解情况后，给了我三个至关重要的建议。这三个建议犹如三盏明灯，照亮了我和儿子内心黑暗的角落。

1. 倾听与共情：搭建沟通的桥梁

心理老师语重心长地告诉我，儿子此刻最渴望的，是被真正地倾听与理解。回顾之前我的种种做法，那些急切的追问和灌输生硬的大道理，都如同在他的心门外盲目徘徊的风，从未真正走进他的内心深处，只是徒增他的反感与抵触。

从心理学层面讲，青春期的孩子内心敏感且自尊心极强，他们渴望被当作独立的个体来尊重，而非被教育、被评判的对象。当家

长一味地灌输道理时，孩子会觉得自己的感受被忽视，进而产生抗拒心理。

于是，我痛定思痛，决定调整策略，不再贸然选择儿子情绪抵触的时段强行沟通，而是如同一位耐心的猎手，静静等待他愿意倾诉的时机。

一天晚上，儿子放学归来，脸色阴沉，一进房间，便"砰"地关上了门，那声响好似他内心愤怒与委屈的呐喊。我没有像往常一样立刻心急火燎地去敲门，而是静静地在门外伫立了一会儿，让他先独自平复一下情绪。随后，我轻轻敲了两下门，用最轻柔、最温暖的声音说道："儿子，妈妈知道你今天心情不太好，如果你想聊聊，妈妈就在这儿陪着你，不管发生什么，妈妈都愿意听你说。"

房间里陷入了长久的沉默，每一秒的流逝都像是在考验我的耐心。就在我以为他不会回应的时候，门缓缓地开了一道缝。我轻轻推开门，走进去，缓缓坐在他身边，没有急着开口，只是轻轻地握住他略显冰凉的手指，用饱含关切的眼神默默传递着我的心疼与在意。

儿子终于忍不住，带着哭腔开口了："妈，今天在学校，我因为一道数学题和同桌起了争执，我就是不太懂那道题，想和他讨论一下，可他不仅嘲笑我笨，还联合周围的同学一起孤立我，我心里憋屈得慌。"我听着他的倾诉，没有急于评判谁对谁错，而是张开双臂，紧紧地抱住他，就像母鸡护着受伤的小鸡，轻声说道："妈妈知道你当时肯定特别难过，被同学这样对待，心里得有多不好受啊！你只是想把题弄明白，对不对？你没有错，是他们做得不对。"儿子在我怀里用力地点点头，泪水决堤般浸湿了我的衣衫。那一刻，我真切地感受到了他内心长久以来的压抑，如同冰雪遇到了暖阳，得到了一丝消融与释放，而这一切，仅仅是因为我学会了倾听与共情。

从那以后，我每天都会雷打不动地抽出一点时间，专门和儿子坐下来聊聊天，无论他说什么，是学校里的琐碎小事，还是天马行空的奇思妙想，我都全神贯注地听着，用眼神、点头、简短却真诚的话语，让他明白，他的每一份感受，对我来说都无比重要。慢慢地，神奇的变化悄然发生，儿子愿意和我分享的事情越来越多，我们之间那曾经坚如磐石、看似无法逾越的隔阂，开始出现了松动的迹象。

一道微光，悄然透了进来。

2. 情绪识别与管理：掌控内心的"风暴"

心理老师敏锐地指出，儿子在人际交往中频繁发生冲突，很大程度上源于他缺乏对自身情绪的正确识别和有效管理的能力。每当遇到不如意的事情，他的情绪就瞬间失控，继而驱使他做出一系列过激行为，伤人又伤己。

从心理学的角度来看，这是由于青春期的孩子大脑中的前额叶皮质尚未完全发育成熟，该区域负责情绪调节、冲动控制等高级认知功能。所以，像我儿子这样的青少年，在面对刺激时，更容易情绪失控。

为了帮助儿子提升这项关键能力，我和他一起报名参加了心理老师力荐的情绪管理工作坊。在那里，每一次课程都像是一场奇妙的心灵之旅。专业的心理老师通过设计一系列生动有趣的游戏和分享一些极具代表性的案例，手把手地教会儿子如何敏锐地捕捉自己情绪产生的细微苗头。

比如说，心理老师告诉我儿子，当他感觉心跳莫名加速，像一只小鹿在胸腔里乱撞，拳头也不自觉地慢慢握紧时，这便是生气情绪即将爆发的强烈信号；而当肩膀不自觉地紧绷，仿佛扛着千斤重担，胃部也一阵抽筋，隐隐作痛时，那可能是焦虑情绪在悄然作祟。

学会识别情绪只是第一步，更重要的是如何在情绪的狂风暴雨中稳住心神，找到应对之策。于是，我们又一同学习了诸如深呼吸法、情绪暂停法等一系列实用技巧。

有一次，儿子放学回家，气呼呼地一脚踢开房门，愤怒地叫嚷道："妈，今天在学校我又和同学闹别扭了，那个家伙走路不长眼睛，直接把我的水杯撞掉了，水洒了一地，还没等他道歉，我这火'噌'地一下就上来了，差点动手揍他。"我赶忙放下手中的活儿，走到他身边，心平气和地引导他运用刚学的情绪暂停法："儿子，先别生气，来，闭上眼睛，在心里默数10个数，试试看。"儿子虽然满脸不情愿，但还是照做了。10个数数完后，我明显感觉到他紧绷的身体松弛了一些，情绪也没那么激动了。我趁机轻声问他："现在是不是感觉没那么生气了？要是再来一次，你觉得可以怎么做，才能既解决问题，又不发脾气呢？"儿子皱着眉头想了想，小声说："我好像……可以先问问他有没有事，然后让他下次小心点。"我欣慰地笑了，看到儿子开始有意识地尝试控制自己的情绪，我知道，我们在这场艰难的挑战中，又稳稳地向前迈进了一大步。

回到家后，我们还精心制订了一个"情绪记录表"，将它张贴在儿子书桌前最显眼的位置。每天晚上，儿子都会依照要求，把当天遇到的那些让他情绪产生较大波动的事情详细记录下来，认真分析自己当时究竟处于何种情绪之中，以及采取了什么样的应对方式，最后再反思一下效果如何。通过这样日复一日的坚持练习，儿子对情绪的感知愈发敏锐，就像一位经验丰富的航海家，能提前察觉情绪的风浪；情绪失控的次数也越来越少，在学校和同学、老师相处时，他逐渐褪去了往日的暴躁，变得平和冷静，仿佛换了一个人似的。

3. 社交技能训练：融入集体的"钥匙"

除了情绪管理，缺乏必要的社交技能也是他难以融入集体的重要原因。心理老师建议我们从一些基础的社交技能入手，帮助儿子提升人际交往能力。这一建议正契合心理学中对青少年社交能力发展的理解。根据皮亚杰的社会认知发展理论，青少年在进入青春期后，逐渐发展出更加复杂的社交认知能力，他们开始能够理解他人的情感和视角，并在此基础上进行互动。有效的社交技能训练，可以帮助孩子更好地适应集体生活。

首先，是有效沟通。我和儿子模拟各种社交场景，练习如何清晰、礼貌地表达自己的想法和需求。比如，在小组讨论中，教他先说"我对这个问题有一些不同的看法，想和大家分享一下"，而不是直接否定他人；当和同学意见不合时，用"我理解你的观点，不过我觉得……我们能不能一起探讨一下"这样的句式，既表达了对同学的尊重，又能阐述自己的意见。经过反复练习，儿子在沟通技巧上有了明显的进步，不再像以前那样一言不合就与同学争吵了。

其次，是培养团队合作精神。我鼓励儿子参加学校的社团活动。他对篮球感兴趣，我就帮他报了篮球社团。在社团里，他需要和队友们密切配合才能赢得比赛。一开始，他总是单打独斗，不懂得传球，导致球队战绩不佳，队友们对他颇有怨言。我和他一起分析问题，告诉他团队合作的重要性，只有大家齐心协力，才能实现目标。慢慢地，儿子开始学会关注队友，学会传球、掩护，球队的氛围也越来越好。他不仅收获了队友们的友谊，还体会到了团队协作带来的成就感。

最后，是培养主动社交的意识。我引导儿子每天至少主动和一位同学打招呼、聊聊天，哪怕只是简单的问候。一开始，儿子很不情愿，觉得难为情，但在我的鼓励下，他还是硬着头皮去做了。渐渐地，他发现同学们并没有他想象中的那样排斥他，反而是很热情地回应他，这让他自信心大增，也越来越愿意主动与人交往了。

在心理老师的悉心指导和我们的共同努力下，儿子发生了翻天覆地的变化。他不再是那个孤僻、暴躁，与同学、老师格格不入的少年，而是逐渐学会了理解、包容，懂得如何与人友好相处。如今，他在学校有了一群志同道合的朋友，和老师的关系也变得融洽亲密，学习成绩也稳步提升。

看着儿子重新绽放的笑容，我由衷地感到欣慰，也深刻地意识到，孩子成长路上遇到的每一个困境，只要我们用心寻找方法，用爱去陪伴，终能帮助他们走出阴霾，迎来属于自己的阳光。

视频：社恐不是
孩子的错

"父母给孩子最好的托举，就是努力提升自己。父母身体力行，才是孩子成长最好的养分。"

父母的角色不仅仅是教导和管束，更多的是通过自身的成长和改变，为孩子树立榜样。

在这个案例中，这位家长的觉察和行动让我印象深刻。她在尝试理解和接纳孩子的过程中，逐渐认识到，改变孩子的关键并非单纯的"管教"，而是通过自我反思和提升，为孩子提供一种积极的情感环境。

我常常在咨询过程中听到父母说："我已经尽力了，为了孩子我付出了很多……"然而，真正让孩子感受到关爱和支持的，并不是那些外在的努力，而是父母的内心成长和情感修养。当父母身体力行地去改变自己时，孩子才会在不知不觉中受到感染，学会如何面对自己的情绪、如何调整心态、如何在困境中找到出路。

作为一名心理咨询师，我深刻体会到，孩子最需要的不是父母的强迫，而是感受到父母的成长。孩子对父母的观察力极强，他们会模仿父母的一言一行。当父母能够以身作则，展示自我成长的过程时，孩子也会在这种无声的引导下，逐渐学会如何面对自己的问题，如何通过调整自己的心态去应对困境。

父母的修养和内心的成熟，才是孩子人生中最宝贵的财富。

我想提醒每一位家长：你给予孩子的最好支持，不是外在的物质，而是你自己在心灵上的成长与进步。只有不断提升自己，你才能给孩子最坚实的支撑。

后记：冲出包围圈，
是一条有人陪的路

这本书里每一个故事都是真实的。它们源自我这些年亲身经历的青少年心理咨询案例，案例中，每一个孩子和家庭的痛苦、挣扎、希望与改变，都真实地发生过。

为了保护隐私，我对部分情节做了合理的改编和整合，但孩子的情绪、父母的困惑，以及那条走出"抑郁包围圈"的路径，都是真实的。本书中，我以"我"的口吻来写作，是想以第一人称的角度，最真实地表达出案例的真实性，这其实代表的是无数个你们——那些还在煎熬、还在寻找出口的父母。

你们并不是孤单的，书中的很多父母和你们一样，曾经也站在"教育失败"的边缘，怀疑自己、否定孩子，甚至想过放弃。但最终，他们中的很多人走了出来。并不是因为他们更幸运，而是因为他们愿意重新学习——用不一样的方式去理解"青春期"这三个字，用更深的爱去靠近那个"把门反锁"的孩子。

他们没有奇迹，而是靠着一条可以重复、可以执行的路径：从0到1七步法。

1. 信：先建立信任，不劝、不逼，只让孩子"敢存在"；

2. 理：识别孩子的情绪卡点（焦虑、羞耻、空虚）；

3. 调：调整父母的期望，让孩子"动得了"；

4. 定：定出孩子能做到的生活节奏（作息、起床）；

5. 适：设计从"卧室"到"教室"的返学适应路径；

6. 支：每一步都要有反馈和鼓励；

7. 关：返学不是终点，持续支持才是关键。

同时我独创的"H-GPS家庭心理引导模型"像导航一样，为家长提供方向和节奏，帮助父母完成角色转型，从控制者→支持者，重建信任沟通。

H-Hope 希望

重建孩子对未来的信心，从"我不行"变成"我愿意试试"。

G-Growth 成长

带孩子建立情绪调节、自我认知、抗挫折能力。

P-Path 路径

不是"一刀切"，而是从起床→行动→社交→课堂，量身打造。

S-System 系统

写下这些故事，并非为了讲道理，而是希望让还在"包围圈"中的你看见灯光。

哪怕此刻你已筋疲力尽，哪怕孩子已经不再与你说话，请相信：只要你愿意转身、靠近，愿意去改变，你和孩子之间的爱，依然可以成为彼此的力量。

愿这本书，是你心碎之时的陪伴，也是你重建信心的起点。

作者

2025 年 5 月